CCF科普阅读推荐图书

U0265021

给孩子的计算思维书

图形化编程及数学素养课

基础篇

昍爸 著

人民邮电出版社

北 京

图书在版编目（CIP）数据

给孩子的计算思维书 : 图形化编程及数学素养课.
基础篇 / 昀爸著. -- 北京 : 人民邮电出版社, 2023.5（2024.7重印）
ISBN 978-7-115-59931-5

Ⅰ. ①给… Ⅱ. ①昀… Ⅲ. ①程序设计—少儿读物
Ⅳ. ①TP311.1-49

中国版本图书馆CIP数据核字(2022)第159966号

内 容 提 要

本套书通过学习编程的形式培养计算思维，并将数学融入其中，分为基础篇和进阶篇。本书为基础篇，主要介绍如何从零开始学习 Scratch 图形化编程，并介绍了计算思维与相关数学知识，从而培养孩子的计算思维。书中特别设计"数学小知识"栏目，讲述相关的数学知识，包括同余、内角、外角、加法原理和乘法原理、勾股定理、对称、映射、不同进制间的转换、因数等。与其他图形化编程图书相比，本书有两大特点：一是数学与图形化编程的深度融合，二是计算思维在图形化编程中的无形渗透。同时，本书配有编程项目文件，可供孩子下载学习及实践。本书可以系统地培养并提高孩子的计算思维能力与数学素养，孩子未来可轻松地切换到其他程序设计语言的学习。

◆ 著　　　　　昀　爸
　　责任编辑　周　璇
　　责任印制　马振武

◆ 人民邮电出版社出版发行　　北京市丰台区成寿寺路 11 号
　　邮编　100164　　电子邮件　315@ptpress.com.cn
　　网址　https://www.ptpress.com.cn
　　北京天宇星印刷厂印刷

◆ 开本：787×1092　1/16
　　印张：9.75　　　　　　　　　　2023 年 5 月第 1 版
　　字数：298 千字　　　　　　　2024 年 7 月北京第 2 次印刷

定价：69.80 元
读者服务热线：(010)53913866　印装质量热线：(010)81055316
反盗版热线：(010)81055315
广告经营许可证：京东市监广登字 20170147 号

寄语

要成为信息社会的“主人”，计算思维是不可或缺的。计算思维是确切地表达问题并按规定的步骤有效解决问题的思维过程，也就是创造和改进算法的思维。算法一般要通过执行程序来实现，因此编程能力是计算思维的重要组成部分。编程语言有很多种，最适合青少年初学者的编程语言是麻省理工学院开发的Scratch，使用者通过类似搭积木的方式编程，将形象思维和逻辑思维有机地结合在一起，既直观又有趣，有助于激发孩子们的创造力和想象力。目前全球有6000万以上的儿童在使用Scratch或类似的图形化编程工具。

张国强（笔名昍爸）是我在中科院计算所指导的博士，近两年他出版了几本很受欢迎的关于数学思维的科普书，其中《给孩子的数学思维课》（即“中国科学家爸爸思维训练丛书”之一）入选2020年度全国优秀科学普及作品。他的这两本新著不同于其他介绍Scratch语言的工具书，他将计算思维无缝地结合在编程实践中，通过二十几个有趣的游戏或智力作业，将数学和计算机科学中的基本概念，如最大公约数、素数、排序、二分查找、逻辑运算、递归思维等，启发式地引入读者的思维之中。如果把编程仅仅看成一堆死板的规则，只会使学习者厌倦，而这本书是通过编程训练来培养孩子的计算思维，可使孩子受益无穷。

爱因斯坦说过：“兴趣是最好的老师。”培养计算思维不能靠填鸭式的灌输，而是要由浅入深地启发。学习编程并不是一件枯燥的事，而是一件新奇有趣的事。这本引人入胜的科普书一定会激励更多中小学生甚至成年人进入计算机科学与技术的乐园。希望本书像《给孩子的数学思维课》一样获得广大读者的青睐。

中国工程院院士　李国杰

2022年1月29日

前言

不搞信息学奥赛，为什么还要学编程？

在我策划和写作本书的时候，有许多家长问："孩子到底要不要学编程？"虽然人工智能已经渐渐普及，但依然有大量的家长并不知道要不要让孩子学编程，也不知道该怎么学。部分家长的心态很现实："学编程能带给孩子什么，特别是，能不能对升学有帮助？"

在编程逐渐普及的过程中，出现了两种不同的声音。一种是编程对数学基础要求很高，数学基础不好，编程也肯定学不好；另一种是无论谁都可以从编程学习中获益，编程并不需要太好的数学基础。

那么，到底哪一种是对的呢？下面8个问题的回答将为大家释疑。

问题1：编程=信息学奥赛？

产生上面不同声音的一大原因是许多人在信息学奥赛（全称为全国青少年信息学奥林匹克竞赛）和编程之间画上了等号，但显然这是不正确的。信息学奥赛只是编程的一个小子集。这就跟我们所有人都要学数学，但只有极少数人会去参加数学奥赛是一个道理。

在编程门槛日益降低的当下，一般的编程只需要一定的逻辑思维能力即可。大部分的核心算法和框架都是现成的，普通的编程人员只要按需将它们组装起来就能实现某个特定的功能。所以，千万不要把程序员的职业想得有多"高大上"，大部分程序员只是代码的搬运工和组装者。但参加信息学奥赛则不同，参赛者需要非常强的数学能力、问题分析能力和问题解决能力。即便是一名拥有多年工作经验的老程序员，在面对信息学奥赛的问题时，解答不出来也是很正常的。

问题2：编程是什么？

信息学奥赛是不是编程？是！

孩子组装个机器人、搭个积木是不是编程？也是！

4

这好比是问：100以内的加减法是不是数学？费马大定理是不是数学？它们当然都是数学！

所以，编程到底是什么呢？

编程的目的是让计算机帮助人类解决问题。为了使计算机能够理解人的意图，人类就必须将需要解决的问题的思路、方法和手段通过计算机能够理解的形式告诉计算机，使得计算机能够根据人给出的指令一步一步地去完成某项特定任务。这种人和计算机之间交流的过程就是编程。

编程的难易主要取决于两个方面：一是程序设计语言的友好性，二是所要解决问题的难度。其中，起决定性作用的是后者。从最早的机器语言到汇编语言，再到高级语言，再到现在的图形化编程语言，程序设计的语法已经变得越来越友好了。但无论用哪种编程语言，能写出可以解决"八皇后问题"的程序的程序员还真不多（"八皇后问题"在本书第6章介绍）。

这就好比英国人觉得法语要比中文容易学。但不管怎样，只要肯学，学会一门语言并能与人交流并不是太难的事，但要用这门语言创作一首诗歌或一篇小说，则要难得多。

问题3：为什么信息学奥赛如此受关注？

信息学奥赛是与数学奥赛、物理奥赛、化学奥赛和生物奥赛并列的五大学科奥赛之一。

目前国内面向青少年的信息学奥赛，从难度与规模来说，分为下面4个阶段。

• 省级考试：CSP-J/S

CSP是非专业级计算机软件能力认证标准，分为CSP-J（入门级，Junior）和CSP-S（提高级，Senior），均涉及算法和编程。每年的9月初赛，形式为笔试；10月复赛，形式为机考。

• 省选级考试：NOIP

全国青少年信息学奥林匹克联赛（NOIP）自1995年至今（除2019年外），每年由中国计算机学会（CCF）统一组织。NOIP在同一时间、不同地点以各省市为单位由特派员组织考试，全国统一大纲、统一试卷。高中或其他中等专业学校的学生可报名参加联赛。联赛分初赛和复赛两个阶段。初赛考查通用和实用的计算机科学知识，以笔试为主。复赛考查程序设计能力，须在计算机上调试完成程序设计。联赛分普及组和提高组两个组别，难度不同。

2019年8月，CCF发布公告称NOIP从2019年起暂停。在暂停NOIP比赛后，CCF在同年8月23日宣布举办CSP-J/S非专业级软件能力认证活动。2020年9月，CCF发布通知恢复举办NOIP，并指出：凡是在由CCF认定的国内国际程序设计竞赛中或能力认证（CSP-S）活动中取得优秀成绩的学生可以获得NOIP的参赛资格；学生也可以通过CCF认可的指导教师的推荐获得NOIP的参赛资格，但推荐人数有限，大部分的学生如果想要参加NOIP，还是要先通过CSP-S。

通知中还指出：参加NOIP是参加NOI（全国青少年信息学奥林匹克竞赛）的必要条件，不参加NOIP将不具有参加NOI的资格。因此，可以认为CSP-S是NOIP的选拔赛，NOIP是考生参加NOI的必要条件。

- 全国级比赛：NOI

NOI即全国青少年信息学奥林匹克竞赛，是面向初、高中或其他中等专业学校学生的全国性质的编程最高级别比赛。每年在NOI中取得优异成绩的学生可以进入国家集训队（50名）。

- 国际级中学生比赛：IOI

IOI（国际信息学奥林匹克竞赛）是面向全世界中学生的一年一度的信息学学科竞赛，每个国家最多可选派4名选手参加。

问题4：编程和数学到底是什么关系？

这取决于学编程的目的。

如果就是想参加信息学奥赛学编程，那编程与数学绝对是强相关。因为信息学奥赛本身承载了选拔的重任，而数学能力是最基础的。具体地说，信息学奥赛主要涉及离散数学的内容，知识点涵盖计数、数论、集合论、图论、数理逻辑、离散概率、矩阵运算等。思维和方法方面，对递归和分治的要求比较高。当然，除了数学能力，信息学奥赛还对阅读理解、问题分解、编码与调试等一系列综合能力有一定的要求。

那如果不参加信息学奥赛呢？编程和数学就没有那么强相关，有些时候甚至可以说是弱相关。现在编程的门槛越来越低，有些编程工作其实只是简单地做了些功能的调用。程序员懂一些基本的编程语法，会阅读接口的说明书，就能实现一些很有用的功能了。要求稍高一点的，需要自己原创一些代码，这时对逻辑思维能力和抽象能力的要求也就更高。再难一点儿，涉及核心的算法，那数学能力就必不可少。我国的程序员数量不少，整个群体结构呈金字塔状，涉及核心算法的群体属于金字塔塔尖，实属少数，大部分程序员并不需要学习太复杂的数学知识。

问题5：什么时候开始学编程合适？

如今，市场上有些机构宣传孩子在幼儿园阶段就可以开始学编程，让一些不明就里的家长无所适从。我个人认为，除了极少天赋异禀的孩子，大部分孩子在5岁以前逻辑思维尚不健全，很难明白编程的内涵。而且，即便是学普通的编程，最基本的四则运算和逻辑运算也是必备的基础，从课内的数学教学进度来看，至少得要小学二年级以后才适合学习编程。

很多家长想借鉴孩子学英语的经验，希望孩子在编程方面也能像学英语一样早早起跑。我并不是说更小的孩子不能学编程，只是编程和英语真的不一样。孩子从小开始学习英语，学3年，它的效果很明显，晚学的孩子花几个月时间根本追不上。但换成编程就不一样，同等智力的孩子，从5岁开始先学3年编程，后学的孩子用短则两三个月、长则半年的时间就能追上。所以，思维没有到一定地步，过早开始学习编程反而会事倍功半。

问题 6：孩子学习编程的语言怎么选择？

如果想让孩子早点儿接触编程并对编程产生兴趣，那可以先让孩子接触图形化编程。待孩子理解了程序的工作原理，后面想让孩子参加信息学奥赛的家长可以选择在四年级以后让孩子学习 C++ 代码编程。数据表明，信息学奥赛顶级选手的成绩与起步时间没有明显的相关性，因此，家长大可不必担心孩子是不是学习编程起步晚了。

如果孩子数学天赋一般，或者家长并没想让孩子参加信息学奥赛，只是纯粹想让孩子体验编程的乐趣并建立计算思维，那么对于图形化编程的学习可以持续到五六年级。再往后，Python 是一个不错的选择，因为使用 Python 可以很快做出一些很酷的程序。

问题 7：图形化编程能训练计算思维吗？

有些家长认为训练计算思维一定需要学 C++ 或 Python 这类编程语言才行，而图形化编程只是搭搭积木，没法训练计算思维。其实，这种认知是片面的。

图形化编程目前看起来没有起到很好的训练计算思维的效果，问题不在于图形化编程本身，而在于市场把图形化编程的学习下沉得太厉害，很多机构已经把图形化编程下沉到三年级以下。幼儿园甚至是小学一二年级的小朋友，大都不具备逻辑与数学基础，对这个阶段的孩子进行计算思维的培养实在有点"巧妇难为无米之炊"。如果孩子在更高的年级（比如小学的四至六年级）去学图形化编程，那图形化编程完全可以作为计算思维训练的载体。

从本质上来说，计算思维的训练与具体的编程语言无关。这就好比一个人的文学修养与他所使用的语言没有关系，作家用文言文可以写出优秀的文学作品，用现代白话文和英文也一样。

问题 8：编程会影响学科类课程的学习吗？

有些家长会有这样的顾虑：孩子学编程需要花费大量的时间，等到进入初中后会不会影响学科类的学习？也正因为此，进入初中后，很多家长就不再支持孩子学编程了。

有这个顾虑是很正常的，但如果学习的目的是训练计算思维、培养编程素养，这样的担忧就是没有必要的。

我们不妨来看看编程能培养孩子的哪些能力。

编写程序是为了解决某个具体问题，但这个问题通常是以某种情景表现的，不像数学题那样抽象。因此，编程学习首先有助于提高孩子的问题理解、分析和抽象的能力。

一个稍微复杂一点儿的问题往往由若干个子问题构成，其中有些是我们熟悉的，可以利用现有的程序，有些是我们需要去编写的。编程学习非常有助于提高孩子们的问题分析能力。

在编写程序的过程中，逻辑思维能力极为重要。程序里用得最多的就是逻辑判断和循环。

满足什么条件执行哪个分支程序，满足什么条件退出循环，这些问题的解决都需要较高的逻辑思维能力。当然，如果没有良好的数学素养，写出的程序可能并不理想。拥有良好数学思维的人往往可以写出非常简洁且高效的程序。

写程序常常是一个不断优化的过程。一开始写出的可执行程序，往往效率并不那么高，结构并不那么美。这时，我们可以不断去寻找更优化的方法，不断提升程序的效率和可读性。因此，编程能锻炼孩子不断优化、追求卓越的品质。

数学题解错了，如果我们不验算，就很难看出来，更何况有些数学题也不好验算。但程序不允许一丝一毫的马虎，错了要么无法运行，要么执行结果不符合我们的预期。编程不允许半点儿粗心，一旦发现了错误，就得像福尔摩斯一样去寻找问题所在。有可能一个不经意的小错误，我们得花上半天甚至更长时间才能找出症结。所以，编程非常有助于帮助孩子克服粗心的毛病，锻炼孩子的耐心，提高孩子的错误诊断能力。

对于一个大型的程序，我们常常需要几个人一起协作完成。这个时候，程序就不单单是写给自己看，还要让别人也能看得懂。因此，编程非常有助于锻炼孩子的团队协作能力和结构化与模块化思维。

没错，编程确实很花时间。如果连学科内容都学得吃力，那我不建议去学编程。如果学有余力并且对编程感兴趣，那在学习编程的过程中无论是直接或间接获得的能力，对孩子的学科类学习和长远发展都是有益的。

本书的特点

我发现目前的编程教育存在一个问题，就是重算法、轻结构。我在大学从事计算机专业的教学工作，在工作中发现这个问题在本科生或研究生写的程序里体现得非常明显。我曾经参与起草由全国高等学校计算机教育研究会、全国高等院校计算机基础教育研究会、中国软件行业协会、中国青少年宫协会4个团体联合发布的《青少年编程能力等级》中的图形化编程部分。在那篇标准文件中，我把数学思维和结构化思维的培养放在了与算法同等重要的位置。这一思想也贯穿了本书的撰写过程。本书并不是简单地让孩子搭积木玩，也并非止步于了解一下编程的规则，而是更侧重于计算思维和编程素养的培养，因此更适合于小学中高年级的孩子，也适合从事少儿编程教育的从业者。

什么是计算思维？

我们生活在一个数字世界，软件和技术已经彻底改变了我们的生活。为了能游刃有余地生活和工作，我们需要了解自己所生活的这个数字世界。这就是计算思维被称为"21世纪必备技能"的原因，它对每个人而言都很重要。学习计算思维对于了解数字世界的运作方式、利用计算机的力量解决棘手的问题都至关重要。它还能帮助我们进行批判性的思考，不仅可了解某些技术的好处，也懂得它们的潜在危害、道德影响或意外后果。

虽然我们在这里及前文中多次提及了计算思维，但究竟什么是计算思维呢？让我们来看看卡内基梅隆大学周以真教授的学术定义：

"计算思维是涉及确切表达问题及其解决方案的思维过程，使解决方案以一种信息处理代理可以有效执行的形式来表示。"

听起来够绕吧？但其实，这只是用高大上的语言来表达简单的想法。"信息处理代理"是指任何遵循一组指令来完成任务（我们称之为"计算"）的东西。大多数情况下，这个"代理"是指计算机或其他类型的数字设备——但它也可以是人！为了使事情变得简单，我们将其称为计算机。为了以计算机可以执行的方式表示解决方案，我们必须将它们表示为一步一步的过程，即算法。为了创建这些算法解决方案，我们应用了一些特殊的问题解决技能。这些技能构成了计算思维，它们可以迁移到任何领域。

计算思维同时借鉴了数学思维和工程思维。然而，与数学不同的是，我们的计算系统受到底层"信息处理代理"及其操作环境的物理限制。因此，我们必须担心边界条件、故障、恶意代理和现实世界的不可预测性。但与其他工程学科不同，由于我们独特的"秘密武器"软件的存在，在计算中我们可以构建不受物理现实约束的虚拟世界。因此，在网络与数字世界中，我们的创造力仅受想象力的限制。

计算思维可以被描述为"像计算机科学家一样思考"，但它现在是每个人都需要学习的重要技能，无论人们是否想成为计算机科学家！有趣的是，计算思维和计算机科学并不完全与计算机有关，它们更多地与人有关。计算思维的训练甚至可以完全脱离计算机而存在！你可能认为我们为计算机编写程序，但实际上我们是为人编写程序——编写程序的最终目的是帮助人们交流、查找信息和解决问题。

例如，我们使用智能手机上的应用程序来获取前往朋友家的路线。这个应用程序就是计算机程序的一个例子，而智能手机是为我们运行该程序的"信息处理代理"。那些设计计算最佳路线的算法，以及设计交互界面和如何存储地图等所有细节的人，都应用了计算思维来设计这个应用。但他们设计这个应用并不是为了智能手机，而是为了帮助使用智能手机的人。

一门教授计算思维的课，应该教会学生以下5个方面的内容。

- 描述一个问题。
- 确定解决此问题所需的重要细节。
- 把问题分解成小的、合乎逻辑的步骤。
- 使用这些步骤来创建解决问题的流程（算法）。

• 评估这个过程。

事实上，业界对计算思维有多种定义，但大多数定义都涉及计算思维背后体现的解决问题所必备的技能。

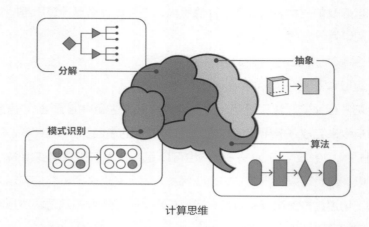

计算思维

下面，我列出6种重要的技能。

1. 抽象

计算思维中最重要和最高级的思维过程是抽象。抽象的作用是简化事物，它赋予我们处理复杂问题的能力。抽象需要确定问题最重要的方面是什么，并隐藏我们不需要关注的其他具体细节。我们根据问题最重要的方面来创建原始事物的模型。然后，我们可以使用这个模型来解决问题，而不必一次处理所有的细节。

抽象用于定义模式、将个体实例泛化和参数化。抽象的本质是在个性中找共性，它识别出一组对象共有的属性，同时隐藏它们之间不相关的区别。例如，算法是一个过程的抽象，它接受输入、执行等一系列步骤并产生预期的目标输出。一个排序算法既可以对一组数排序，也可以对一组学生姓名排序。抽象数据类型定义了一组抽象的值和用于操作这些数据的操作，对使用这些数据类型的用户隐藏了数据的实际表示，这就好比驾驶汽车的人只需关心方向盘、油门、刹车等的使用即可，不需要知道内部引擎是怎么工作的。

计算机科学家常常在多个抽象层次上工作。反复应用抽象使我们能够构建越来越庞大的系统。最底层（至少对于计算机科学而言）是位（0和1）。在计算中，我们通常基于抽象层构建系统，这使我们能够一次只关注一层及相邻层之间的关系。当我们用高级语言编写程序时，我们不必担心底层硬件、操作系统、文件系统或网络的细节。

我们在日常生活中经常使用抽象。比如，地图通过省略不必要的细节（例如公园中每一棵树的位置），只保留地图阅读器所需要的最关键信息，例如道路和街道名称，向我们展示了整个世界的简化版本。

计算机一直都在使用抽象对用户隐藏尽可能多的不必要信息。例如，假设你在上次旅行中拍了一张漂亮的风景照片，现在你想在计算机上对它进行编辑并调整其中的颜色。通常我们可以通过打开图片编辑程序、调整一些颜色滑块或选择过滤器来做到这一点。当你这样做时，会有很多复杂的操作发生，而这些操作是计算机对你隐藏的。

你拍的照片在计算机上是作为一个像素阵列存储的，每个像素有不同的颜色，每种颜色都用一组数字表示，每一个数字都存储为二进制数！这将是非常多的信息。想象一下，如果你在调整颜色时必须查看每个像素的颜色值对应的二进制数并更改其中的一部分，那会不会崩溃？好在计算机为你隐藏了这些信息，因此你不需要知道这些二进制信息就能达成你的目标。

2. 分解

分解是将一个复杂的问题分解为更小、更简单的部分，然后专注于解决每个小问题。这些更小、更简单的问题的解决方案组合成了我们最初的大问题的解决方案。分解有助于让大问题变得不那么令人生畏！

由于计算机需要非常具体的指令，因此分解是创建可在计算设备上实现的算法和过程的一项重要技能。我们需要告知计算机它应该遵循的每一个步骤，才能让计算机帮助我们做事。

例如，制作蛋糕的整个任务可以分解为几个较小的任务，每个任务都可以轻松执行。

制作蛋糕

1. 烤蛋糕

- 将原材料（黄油、糖、鸡蛋、面粉）放入碗中
- 混合原材料
- 将混合的原材料倒入铝合金模具
- 将混合的原材料放入烤箱烤30分钟
- 从铝合金模具中取出蛋糕

2. 打发奶油

3. 将奶油涂在蛋糕上

3. 算法思维

算法是计算思维和计算机科学的核心。在计算机科学中，问题的解决方案不仅仅是一个答案，而是算法。算法是解决问题或完成任务的一步步过程。如果我们正确地遵循算法的步

骤，即使对于不同的输入，也会得到正确的答案。例如，我们可以使用算法来找到地图上两个地点之间的最短路线。相同的算法可应用于任何一对起点和终点，因此最终的答案取决于算法的输入。如果我们知道解决问题的算法，那么我们随时可以轻松解决这类问题而无须思考！我们只需按照步骤操作。计算机自己并不能思考，所以我们需要给它们算法，告诉它们怎么做事。

算法思维是创造算法的过程。当我们创建一个算法来解决一个问题时，我们把创建出的算法称为算法解决方案。算法的构成元素相对较少，因为计算设备只有几种类型的指令可以遵循。它们可以做的主要事情是接收输入、提供输出、存储值、按顺序执行指令、根据分支进行选择和在循环中重复执行指令。尽管指令的范围非常有限，却描述了计算设备可以计算的所有内容，这就是为什么我们要将算法描述为仅限于这些元素的过程。

4. 泛化和模式

泛化也被称为"模式识别和泛化"。泛化是将问题的解决方案（或解决方案的一部分）进行普适化，以便它可以应用于其他类似的问题和任务。由于计算机科学中的解决方案是算法，这意味着我们将一种算法变得足够通用，它就可以解决一系列问题。这个过程涉及抽象。为了使事物更通用，我们必须剔除与特定问题或场景相关但对算法的运行而言并不重要的细节。

发现模式是这个过程的重要组成部分。当我们思考多个问题时，我们可能会认识到它们之间的相似之处，并发现它们可以用相似的方式予以解决。这被称为模式匹配，也是我们的日常生活每时每刻在做的事情。

泛化的算法可以被重用，用于解决一组相似的问题，这意味着我们可以快速有效地提出解决方案。

5. 评估

评估涉及找出解决问题的多种算法，并判断哪种算法最好用，它们是否在某些情况下有效但在其他情况下无效，以及如何改进它们。在评估一个算法方案时，我们需要考虑一系列因素。例如，这些过程（算法）求解问题需要多长时间，它们是否可扩展，是否能够可靠地解决问题，或者是否在某些情况下会以非常不同的方式执行。评估是我们在日常生活中经常做的事情，常常，我们还需要用户的反馈来帮助我们改进方案。

我们可以通过不同的方式来评估算法。比如，可以通过在计算机上实现并运行算法来测试它们的速度；或者可以从理论上分析算法需要的执行步数。我们可以通过给算法许多不同的输入并检查它们是否按预期工作来测试它们是否正确。此时，需要考虑用于测试的不同输入。我们并不想检查每一个可能的输入（通常有无数个可能的输入），但仍然需要确认所给出的算法是否对所有输入都有效。测试是计算机科学家和程序员一直在做的事情。但是，因为我们通常无法测试所有可能的输入，所以我们也会尝试使用逻辑推理来评估算法。

6. 逻辑

在尝试解决问题时，我们需要进行逻辑推理。逻辑推理是指通过观察、收集数据、思考，然后根据已知事实搞清楚整个事情的缘由，从而试图完整地理解事物。

例如，假设你正在编写软件来计算从你家到某个位置的最短路线。在地图上看，如果你从家向北走，到图书馆需要2分钟，但如果你向南走，则需要3分钟才能到达下一个十字路口。你可能想知道：如果一开始就向南走，去图书馆是否有更好的路线？显然，从逻辑上讲这不可能，因为你需要步行3分钟才能到达第一个十字路口。

在更深层次上，计算机的运行完全建立在逻辑之上。它们使用"真"和"假"，并使用被称为"布尔表达式"的东西（比如"年龄＞5"）在计算机程序中做出决定。追踪程序中的错误的位置和原因也需要用到逻辑思维。

一个甜甜圈的例子

最后，以一个甜甜圈的例子来形象地说明什么是计算思维。

假设我们现在有一个任务，要从商店带甜甜圈给我们的同学。我们收集了每个人的订单，形成了一张110个甜甜圈的购买清单列表，我们希望在去商店之前计算出所有甜甜圈的总价格。计算思维可以帮助我们更容易地解决这个问题。

我们首先定义问题：计算110个甜甜圈的总价格。

看到这个问题时，我们的第一反应通常是拿起自己的手机，并将甜甜圈的价格一个个累加起来。这个方法可行，却是一种低效的方法。计算思维为我们提供了一种更好、更省力的方式。

我们可以将问题分解为更小的步骤（分解）。

（1）给出每种甜甜圈的价格。

（2）给出我们购买的每种甜甜圈的数量。

一旦知道了这两点，就可以计算出总价格，下面给出了一个实例。

不同类型甜甜圈的单价表：

类型A：每个3.00元

类型B：每个1.60元

类型C：每个2.00元

类型D：每个2.10元

类型E：每个2.15元

按类型划分的甜甜圈数量：

25个甜甜圈A，每个3.00元

30个甜甜圈B，每个1.60元

10个甜甜圈C，每个2.00元

15个甜甜圈D，每个2.10元

30个甜甜圈E，每个2.15元

现在，通过把甜甜圈按照类型和数量有序组织成价格列表，我们发现列表中的每一项都遵循相同的模式（发现模式），这使我们能够建立一个公式来计算每种甜甜圈的总价格。

甜甜圈A的总价格：25个 × 3.00元/个=75元

对于模式化的数据类型，可以对列表中的每一项简单地重复使用这个公式。

甜甜圈B的总价格：30个 × 1.60元/个=48元

甜甜圈C的总价格：10个 × 2.00元/个=20元

甜甜圈D的总价格：15个 × 2.10元/个=31.5元

甜甜圈E的总价格：30个 × 2.15元/个=64.5元

最后，我们可以将每种类型的甜甜圈价格相加来计算总价格。

75+48+20+31.5+64.5=239（元）

有了用于解决每个小问题的公式，我们可以抽象出一个模板，其中包含两个计算价格的公式。

按类型划分的项目数 × 单价＝每个项目类型的价格

项目A的价格＋项目B的价格＋项目C的价格＋…＝总价格

这个公式不仅可以用于甜甜圈价格的计算，也同样适用于纸杯蛋糕、冰淇淋、三明治的价格计算，当然也适用于甜甜圈数量更多的情况。在消除了最初问题中的复杂性后，这个公式现在成了一个易于使用的工具（泛化）。

然后，我们可以进一步扩展从这一经验中获得的知识，通过构建算法来确保每次都能获得可靠的输出，以便在其他需要计算的活动中复用它（算法思维）。

第1步：按类型添加项目。

第2步：为每个项目类型设置单价。

第3步：将按类型划分的项目数与其单价相乘。

第4步：将每种类型的总价格加在一起。

我们来评估一下这个方法。首先，它总是可以正确地完成计算总价格的任务。其次，抽象出来的模板和算法有很强的复用性。最后，这种方法可扩展性较强，即按这种方式来计算总价格的速度要远远快于逐个相加的方法，特别是在数量变得越来越多的时候（评估）。

正如这个小例子所希望展示的那样，这个过程体现了我们解决问题方式的转变。通过公式化的过程，我们可以驾驭复杂性并专注于重要的事情，不会在复杂性中迷失解决问题的方向。尽管这只是计算思维的一个简单例子，但很明显，这个过程可以被复制并用于解决大量数据的问题，并在充满数据的世界中引导未知的旅程。

目录

基础篇

1. 认识 Scratch **2**

   1.1　什么是程序和编程语言 2

   1.2　编程语言的发展 3

   1.3　Scratch 简介 6

2. 坐标、角色与运动 **10**

   2.1　坐标与象限 10

   2.2　角色的平移 12

   2.3　方向与旋转 14

   数学小知识：同余 **16**

3. 绘制多姿多彩的正多边形 **18**

   3.1　画笔工具 18

   3.2　重复执行 21

   数学小知识：内角、外角的概念及正 n 边形的内角和与外角和 **23**

   3.3　角色造型的中心 25

   3.4　切换造型：动画初步 26

   3.5　输入 27

   3.6　显示与隐藏 29

   3.7　偶正多边形与奇正多边形 29

   3.8　条件与分支 31

3.9　使用变量存储数据 ………………………………………… 32

3.10　自制积木 ………………………………………………… 35

3.11　形参和实参 ……………………………………………… 37

3.12　多重循环 ………………………………………………… 38

数学小知识： 加法原理和乘法原理 ………………………… **39**

3.13　给正多边形着色 ………………………………………… 41

3.14　逻辑运算 ………………………………………………… 42

4. 绘制自己的小房子 …………………………………… **44**

4.1　设计坐标系统 …………………………………………… 45

4.2　初步尝试 ………………………………………………… 45

4.3　让代码更简洁 …………………………………………… 46

数学小知识： 勾股定理 ……………………………………… **47**

5. 理性的逻辑运算 ……………………………………… **50**

5.1　算术表达式与关系表达式 ……………………………… 50

5.2　逻辑运算表达式 ………………………………………… 52

5.3　电灯实验 ………………………………………………… 53

5.4　判断闰年 ………………………………………………… 56

数学小知识： 闰年的来历 …………………………………… **57**

6. 枚举的威力与局限 …………………………………… **58**

6.1　鸡兔同笼 ………………………………………………… 58

6.2　百钱分百鸡 ……………………………………………… 60

6.3　判断一个数是否为素数 ………………………………… 62

6.4　字符串匹配 ……………………………………………… 63

6.5　八皇后问题 ……………………………………………… 67

7. 对称图案与模仿秀 …………………………………… **69**

数学小知识： 对称的类型 …………………………………… **70**

7.1　简单的对称图案 ………………………………………… 71

7.2 不同的算法 74

7.3 任务的分解：画复杂图案 76

7.4 超级模仿秀 80

    7.4.1 运动轨迹模拟 82

    7.4.2 动作模拟 84

8. 加密与解密 85

8.1 列表 85

8.2 恺撒密码 88

8.3 自定义密码 91

    8.3.1 加密 91

    8.3.2 解密 93

数学小知识：一一映射 95

8.4 增加破译难度 96

9. 十进制与 N 进制 100

9.1 位值制记数与十进制 101

9.2 非十进制记数 103

9.3 十进制计数器初步尝试 104

9.4 事件、消息与处理消息 105

9.5 非十进制的计数器 108

9.6 时钟——六十进制 110

    9.6.1 电子钟 110

    9.6.2 表盘钟 111

数学小知识：不同进制的转换 113

数学小知识：时钟的运动 115

10. 小猫小猫齐步走：角色克隆 116

10.1 克隆体 116

10.2 局部变量与全局变量 119

10.3 齐步走 121

11. 化曲为直画圆法 ⋯⋯⋯⋯⋯⋯⋯⋯⋯⋯⋯⋯ **126**

11.1　化曲为直 ⋯⋯⋯⋯⋯⋯⋯⋯⋯⋯⋯⋯⋯⋯⋯⋯ 126

11.2　圆周率 ⋯⋯⋯⋯⋯⋯⋯⋯⋯⋯⋯⋯⋯⋯⋯⋯⋯⋯ 127

11.3　画圆的算法 ⋯⋯⋯⋯⋯⋯⋯⋯⋯⋯⋯⋯⋯⋯⋯⋯ 129

11.4　"广播消息"与"广播消息并等待"的区别 ⋯⋯⋯ 130

11.5　前赴后继画圆法 ⋯⋯⋯⋯⋯⋯⋯⋯⋯⋯⋯⋯⋯⋯ 131

11.6　圆周率的近似 ⋯⋯⋯⋯⋯⋯⋯⋯⋯⋯⋯⋯⋯⋯⋯ 133

数学小知识： 自然数的因数个数 ⋯⋯⋯⋯⋯⋯⋯⋯⋯ **133**

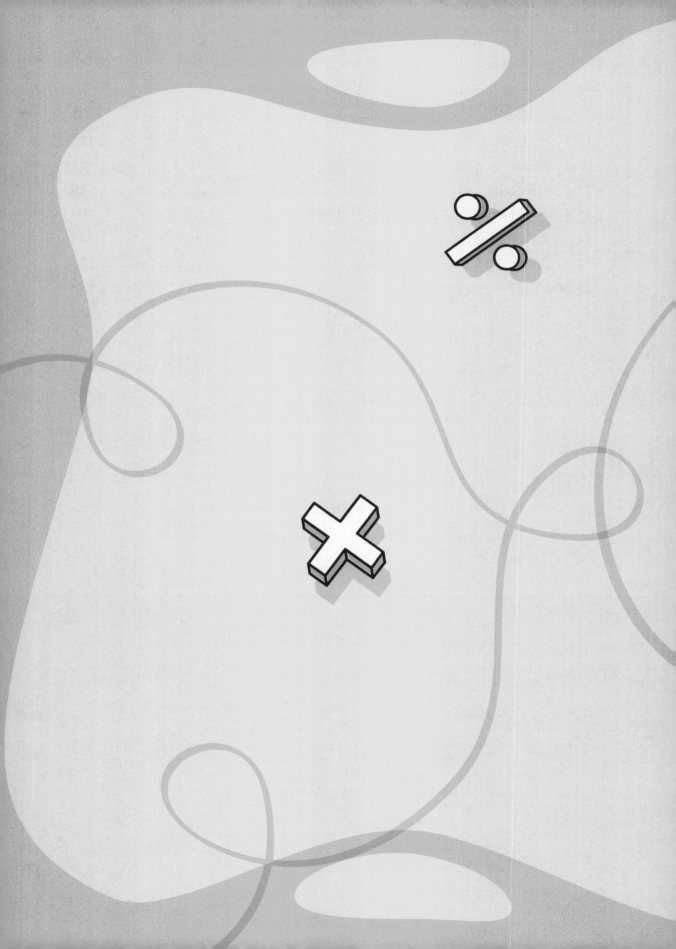

基础篇

扫描二维码，下载图书资源，
快来开启你的编程之旅吧！

1. 认识Scratch

 1.1 什么是程序和编程语言

什么是程序？我们可以作个简单而形象的类比。

假如你是一名队长，可以对队员发号施令：立正、向右看齐、齐步走、向右转……队员在听到这些命令后，就会按照事先约定的方式执行命令。

现在你对一名队员下达了下面的一系列命令。

立正；

齐步走20步；

向右转；

齐步走20步；

向右转；

齐步走20步；

向右转；

齐步走20步；

向右转。

队员执行上面的命令后会怎样呢？没错，他沿着一个边长为20步的正方形齐步走了一圈，最后又回到了原位。

在我们的印象里，队员应服从命令。但是，如果你某一天突然发出了一条奇怪的命令：向天上飞！那么这些队员十有八九会一脸茫然，因为他们没法执行这个命令！

类似地，我们可以把计算机想象成队员。程序就类似你上面对队员下达的一串命令，不同的是，程序的作用是告诉计算机应该干什么。在计算机领域，这些命令被称为指令。计算机一条一条地执行指令，就能得到正确的结果。与队员类似，计算机也只接受它能理解的指令。如果你给计算机输入了一条它不理解的指令，它就会报错。

与队员相比，计算机无条件地执行，更不知疲倦，你让它向东，它绝不会向西，你让它重复干一件事，它可以一直干到断电。

那什么是编程语言呢？我们还是可以用队员的例子来类比一下。

中国的队长对队员发号施令用汉语，美国的队长对队员发号施令用英语，阿拉伯的队长对队员发号施令用阿拉伯语。同样是"立正"这条命令，可以用不同的语言表达和传递。编程语言也一样，同样是让计算机计算1+1等于几，可以用C语言，也可以用Python语言，当然，也可以用我们本书要讲的Scratch。所以，学什么编程语言并不是最重要的。用中文可以写出美妙的诗句，用英文同样也可以。

 ## 1.2　编程语言的发展

自从1946年第一台通用电子计算机问世，人类与计算机交流的编程语言经过了机器语言、汇编语言和高级语言3个阶段的发展。随着时代发展，编程语言对人类越来越友好。

第一代程序设计语言被称为机器语言。用这种语言写出来的程序是一串0和1组成的数字，机器直接就能理解，但对于人来说就太难理解了。下面是计算1+2+3+…+100的机器语言代码（冒号左边是内存地址，可忽略），看上去像不像天书？

```
400526: 01010101
400527: 01001000 10001001 11100101
40052a: 01001000 10000011 11101100 00010000
40052e: 11000111 01000101 11111000 00000000 00000000 00000000 00000000
400535: 11000111 01000101 11111100 00000000 00000000 00000000 00000000
40053c: 11101011 00001010
40053e: 10001011 01000101 11111100
400541: 00000001 01000101 11111000
400544: 10000011 01000101 11111100 00000001
400548: 10000011 01111101 11111100 01100100
40054c: 01111110 11110000
40054e: 10001011 01000101 11111000
400551: 10001001 11000110
400553: 10111111 11110100 00000101 01000000 00000000
400558: 10111000 00000000 00000000 00000000 00000000
40055d: 11101000 10011110 11111110 11111111 11111111
400562: 10010000
```

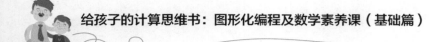

400563: 11001001
400564: 11000011

事实上，上面代码左边的内存地址是无须存储的，而且代码也不会一行一行清晰排列。计算机里的代码是下面这样的。

01010101 01001000 10001001 11100101 01001000 10000011 11101100
00010000 11000111 01000101 11111000 00000000 00000000 00000000
00000000 11000111 01000101 11111100 00000000 00000000 00000000
00000000 11101011 00001010 10001011 01000101 11111100 00000001
01000101 11111000 10000011 01000101 11111100 00000001 10000011
01111101 11111100 01100100 01111110 11110000 10001011 01000101
11111000 10001001 11000110 10111111 11110100 00000101 01000000
00000000 11000111 00000000 00000000 00000000 00000000 11101000
10011110 11111110 11111111 11111111 10010000 11001001 11000011

世界上第一台通用电子计算机ENIAC使用的是最原始的穿孔卡片，这种卡片所使用的语言就是机器语言。

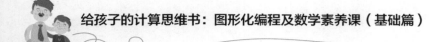

穿孔卡片示例图

历史上最大的穿孔卡片程序是20世纪50年代的SAGE防空系统，这个程序使用了62 500张穿孔卡片（大约5MB的数据）。

汇编语言被称为第二代程序设计语言，它使用一组帮助记忆的符号（助记符）来表示每条命令。下页图是计算1+2+3+…+100的汇编代码（最左侧的数字表示内存地址，<>内是注解）。相比于看上去像天书的机器代码，汇编代码友好了不少，但门槛依然比较高。

```
400526:  push  %rbp
400527:  mov   %rsp, %rbp
40052a:  sub   $0x10, %rsp
40052e:  movl  $0x0, −0x8(%rbp)
400535:  movl  $0x1, −0x4(%rbp)
40053c:  jmp   400548 <main+0x22>
40053e:  mov   −0x4(%rbp), %eax
400541:  add   %eax, −0x8(%rbp)
400544:  addl  $0x1, −0x4(%rbp)
400548:  cmpl  $0x64, −0x4(%rbp)
40054c:  jle   40053e <main+0x18>
40054e:  mov   −0x8(%rbp), %eax
400551:  mov   %eax, %esi
400553:  mov   $0x4005f4, %edi
400558:  mov   $0x0, %eax
40055d:  callq  400400 <printf@plt>
400562:  nop
400563:  leaveq
400564:  retq
```

再后来，就有了被称为第三代程序设计语言的高级语言，如 C 语言和 Python 语言。
同样是计算 1+2+3+…+100 的值，用高级语言写出来的程序看上去就友好多了。

```c
#include <stdio.h>
void main()
{
    int sum = 0;
    for (int i = 1; i <= 100; i++)
            sum = sum + i;
    printf ("1+2+3+…+100=%d\n", sum);
}
```

用 C 语言写出的计算 1+2+3+…+100 的程序

5

```
n=0
for x in range (101):
    n = x+n
```

用 Python 写出的计算 1+2+3+…+100 的程序

最后，我们来看本书的主角——Scratch。下面这段程序是用 Scratch 编写的计算 1+2+3+…+100 的程序，看上去是不是很亲切？可以说，以 Scratch 为代表的图形化编程工具对大家已经非常友好了，搭积木搭得溜的小朋友很快就能上手。

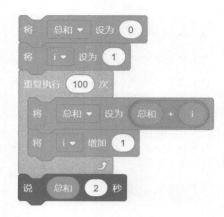

当然，计算机是无法直接执行高级语言编写的程序的。用高级语言编写的程序首先要经过编译或解释成计算机能理解的机器语言后，计算机才能一条条地执行指令。在这里，编译器或解释器就充当了人和机器之间的翻译，把人易于理解的高级语言程序翻译成机器易于理解的机器程序。

1.3 Scratch 简介

Scratch 是麻省理工学院开发的一款简易图形化编程工具。与一般的代码编程不同，图形化编程里的所有要素都以积木的形式存在和展示，我们可以通过拖曳和拼搭的方式构建一个程序。

本书使用 Scratch 3.0 版。打开 Scratch 应用程序，展现给我们的界面如下。

这里有几个重要的区域：

（1）积木类型区

这里对积木进行了分类，常用的积木有运动、外观、声音、事件、控制、侦测、运算、

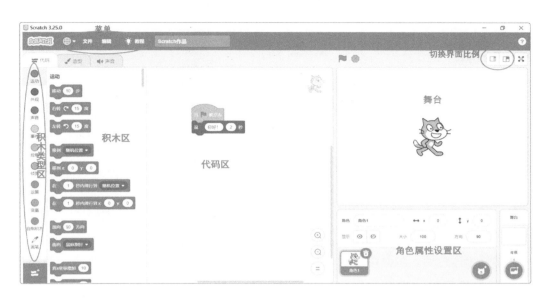

变量和自制积木。还有一些扩展积木，我们可以通过单击这个区域下方的 ![icon] 图标，将扩展积木选择并加入常用积木类型区。比如上图中的画笔积木并不在默认的积木类型里，是我从扩展类型里加入的。

（2）积木区

单击某个积木类型，在右侧的积木区内就会出现这个类型的所有可用积木。比如，上图中单击了运动类积木，右侧就出现了所有的运动类积木。可以通过右侧的滑动条查看所有的积木。

（3）代码区

代码区是编写 Scratch 程序的主要阵地。将积木区的积木拖曳到代码区，并进行适当的拼接，就可以组成一个程序。

比如，我们把事件类积木"当小绿旗被点击"和外观类积木"说你好！2秒"拖曳进积木区并拼接在一起（见下图），那么当我们单击界面上的小绿旗时，舞台区的小猫就会说"你好！"2秒（见右图）。

如果觉得代码区域太小，那可以单击右上角的两个切换界面比例的图标，就能调整代码区所占区域的大小。

（4）舞台

舞台是背景和角色的效果展示区域，也就是程序运行结果的展示区域。除了通过右上角的两个切换界面比例的图标调整代码区和舞台区的相对大小，还可以通过单击右侧的⊡图标，将舞台区域设置为全屏模式。

（5）角色属性设置区

右下角区域的左侧是角色属性设置区域。在这里，可以设置所选定角色的名称、坐标、大小、方向，以及是否隐藏角色。

选中某个角色后，界面中部默认展示的是代码区，如果将左上角的选项卡切换为"造型"，那么界面最左侧就切换成了角色造型区。一个角色可以有不同的造型，会在此区域按编号1, 2, 3…的顺序展现。例如，下图中的小猫，默认有两个造型，编号分别为1和2。此时，界面中部呈现的就是被选中造型的造型设计区。我们可以在这个区域修改角色的造型。单击角色造型区域最下面的⚫图标，我们可以从系统的造型库中选择一个造型或自己手动绘制一个造型，也可以随机生成一个造型或上传一个造型。Scratch在造型设计区提供了丰富的工具，让我们自行设计或修改造型的外观。

（6）背景设计区

如果单击最右下角的舞台，那么整个左边和中间区域就切换成了舞台的代码与背景设计区。

单击右下角的 ⊕ 图标，我们可以从系统提供的背景库中选择一个背景或自己手动绘制一个背景，也可以随机生成一个背景或上传一个背景。同样，当切换到背景选项时，中部区域就切换成了背景设计区。

（7）菜单区

最左上角是菜单区。在这里，可以设置软件所使用的语言，通过文件菜单，我们可以创建一个新程序作品、打开一个已有程序作品或将自己编辑的程序作品保存到计算机中。

在最上面的长方形文本框里，我们可以修改作品的名称，默认的名称为"Scratch作品"。

好了，现在你已经认识了Scratch的界面，让我们开始愉快的编程之旅吧！

2. 坐标、角色与运动

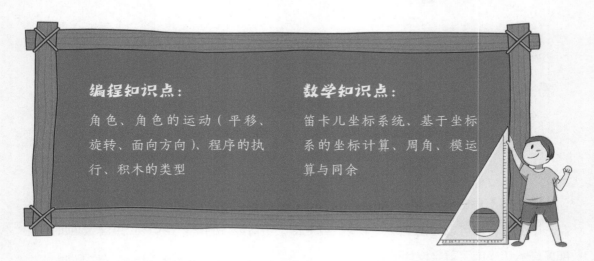

编程知识点：
角色、角色的运动（平移、旋转、面向方向）、程序的执行、积木的类型

数学知识点：
笛卡儿坐标系统、基于坐标系的坐标计算、周角、模运算与同余

在 Scratch 中，最有趣的是可以在舞台上动来动去的角色。角色可以是一只小猫、一只小狗、一条蛇，也可以是一个小球、一辆坦克、一发炮弹等。一切你能想得到的东西，都可以成为 Scratch 中的角色。这些角色可以在舞台上随意地运动，也可以画出优美的线条和图案，甚至还自带隐身术，可以在某个地方隐身，然后在另一个地方突然出现。

那么，怎么来表示角色在屏幕上的位置呢？比如要发射导弹攻击一艘军舰，首先得确定军舰的位置才行，否则导弹就白白浪费了。在现实生活中，我们用经度和纬度来表示地球上某个地点的位置。我国的北斗卫星导航系统，就可以用经纬度来表示一个点的位置。

类似地，为了精确地表示和控制角色的位置和运动，Scratch 用坐标来表示一个角色的位置。下面我们首先来介绍坐标系和坐标的概念。

2.1 坐标与象限

为了确定平面上一个点的具体位置，我们通常使用一个二维坐标系统。Scratch 里的坐标系统与数学里所使用的二维坐标系统一样，由原点、x 轴和 y 轴组成。可以把一个二维坐标系统看成一个网格，每一条横线和竖线交叉点的位置都可以用两个数来表示。

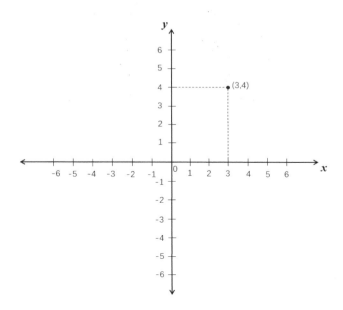

比如下图中小猫所处的位置，被称为原点，其坐标为（0，0）。水平方向和垂直方向的两个轴分别称为 x 轴和 y 轴。这两根数轴把平面分成了 4 个区域，分别被称为第一、第二、第三和第四象限，如下图所示。

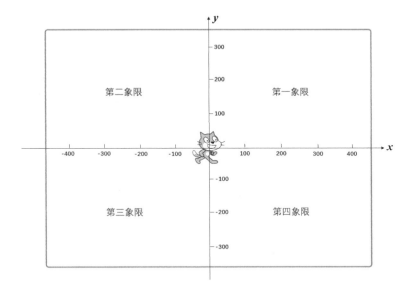

于是，舞台上任意一个点的位置可以用一个 x 坐标和一个 y 坐标唯一确定，具体可以表示为一个二元组（x，y）。比如下页图中 A 点的坐标为（300，200），即从水平方向来看，A 点位于原点右侧 300 个单位的地方，而从垂直方向来看，A 点位于原点上方 200 个单位的地方。而如果这个点在水平方向上位于原点的左边，那么它的 x 坐标就是负数；同

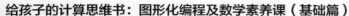

样，如果这个点在垂直方向上位于原点的下方，那么它的y坐标就是负数。

对于每个象限中的点，它们的坐标的正负情况满足下面的关系。

第一象限：$x>0$，$y>0$

第二象限：$x<0$，$y>0$

第三象限：$x<0$，$y<0$

第四象限：$x>0$，$y<0$

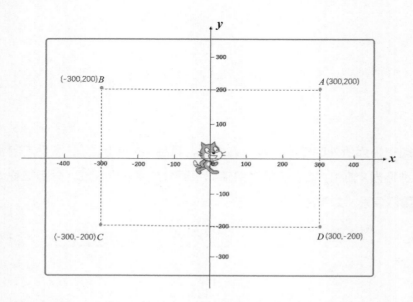

当然，如果这个点就在x轴上，那么它的y坐标就是0；而如果它在y轴上，那么它的x坐标就是0。

2.2 角色的平移

有了坐标系统这个武器，我们就可以精确地描述角色在平面上的运动啦。比如，小猫从原点向左移动300步，再向下移动200步，就到了图中点C的位置，其坐标为（-300，-200）。如果在这个位置再向右移动600步，那就到达了D点，坐标为（300，-200）。

我们发现，角色向右运动多少步，它所到达的新位置的y坐标不变，而x坐标就是在原x坐标的基础上加上运动的步数所得的数。比如上面的例子中，从C点（-300，-200）向右运动600步，新位置的坐标就是：（-300+600，-200）=（300，-200）。对应地，向左运动多少步，新位置的x坐标就要在原来x坐标的基础上减去多少步。类似地，向上或向下运动则保持x坐标不变，y坐标相应地加上或减去运动的步数即可。

▶ 小练习

（1）小猫开始位于坐标为（-80, 120）的位置，经过下面的移动后，到达的新位置坐标是多少？

①向左移动50步；

②向上移动40步；

③向右移动70步。

解：

第一种方法，我们可以逐步算出每一次移动后，小猫到达的位置。

向左移动50步后，小猫的坐标为（-80-50, 120）=（-130, 120）；

向上移动40步后，小猫的坐标为（-130, 120+40）=（-130, 160）；

向右移动70步后，小猫的坐标为（-130+70, 160）=（-60, 160）。

第二种方法，我们直接考虑小猫经过水平和垂直方向的移动后最终到达的位置。小猫最终位置的x坐标为-80-50+70=-60，y坐标为120+40=160，因此，最后新位置的坐标为（-60, 160）。

（2）小猫开始位于坐标为（180，-30）的位置，现在要移动到坐标为（-200，50）的位置，请问小猫可以怎么移动才能到达上述目标位置？

解：

-200-180=-380，50-（-30）=80

这里，负数-380表示小猫要向左移动，而正数80表示小猫要向上移动。所以，小猫从原来的位置向左移动380步，向上移动80步，就可以到达新的位置。

好了，讲了这么多坐标和平移的知识，我们赶紧来编写我们的第一个程序，让小猫动起来吧。

我们让小猫从原点开始向右移动，每次向右走20步，然后停顿1秒，一共走4次后停下。

我们从运动类积木中找到 移到x: 0 y: 0 和 移动 10 步 这两个积木，然后在控制类积木中找到 等待 1 秒 积木，将它们拖曳到代码区，将 移动 10 步 这一积木的10改成20，按下页上图中的方式搭好积木。

如果我们想观察一下执行上面的代码后小猫所处位置的 x 坐标，只要在最后增加下面这个外观类积木就行。

单击小绿旗后，小猫从原点（0，0）向右移动了80步，并说出当前的 x 坐标为80。

2.3 方向与旋转

不知道大家有没有一点疑惑：为什么上面的移动20步就是向右移动，而不是向左、向上或向下移动呢？或者更复杂一点，为什么不是向左上角、右上角等方向移动呢？

我之前讲过，计算机自己不会主动思考，我们告诉计算机做什么它才会做什么。计算机里的小猫一定是因为我们告诉它向右走它才向右走的。可是，我们的程序里并没有哪条命令告诉它向哪个方向移动啊，这是怎么回事呢？

这个问题的答案涉及运动的方向。与人在现实生活中的运动一样，每个角色也有一个面向的方向，角色移动的时候就是沿着所面向的方向移动的。那么，怎么表示面向的方向呢？现实生活中可以用东、南、西、北、东南、东北、西南、西北来表示大概的方向。但如果要表示更精确的方向，就要使用角度的概念。Scratch就是使用角度来表示方向的。

在Scratch里，将朝上定义为面向0°。在此基础上，角色可以绕着中心点顺时针或逆时针旋转。顺时针旋转时，用正数表示旋转的角度，旋转90°、180°和270°后所面向的方向分别如下图所示。当然，也可以逆时针旋转。逆时针旋转时，用负数表示逆时针旋转的度数。比如逆时针旋转90°，即旋转-90°，等价于顺时针旋转270°。

旋转0°　　　旋转90°或-270°　　　旋转180°或-180°　　　旋转270°或-90°

我们知道，周角是360°，如果旋转的度数超过了360°，那可以通过除以360°取余数得到旋转的角度。比如，角色初始时面向0°方向，顺时针旋转450°后面向什么方向呢？由于450÷360=1…90，因此，角色最后面向90°方向。

那如果角色一开始不是面向0°方向，那又会怎样呢？

小练习

（1）假设角色一开始面向70°方向，经过两次顺时针旋转200°，最终面向什么方向？

解：

70+200×2=470

470÷360=1…110

因此，最后面向110°方向。

（2）假设角色一开始面向70°方向，经过两次逆时针旋转250°，最终面向什么方向？

解：

70-250×2=-430

-430÷360=-2…290（注意：余数一定要大于等于0）

因此，最后面向290°方向，或者是-70°方向。

或者可以这么思考，逆时针旋转250°等价于顺时针旋转360°−250°=110°。70+110×2=290，因此，最后面向290°方向。

现在，我们可以来回答为什么小猫是向右移动的问题了。这是因为，在默认的设置下，小猫所面向的方向是90°（见下图），即右方。如果我们要改变小猫运动的方向，只要改变它面向的方向就行了。

数学小知识：同余

两个大于0的自然数相除，可能除得尽，也可能除不尽。如果除不尽，那就有余数，可以表示成如下所示的带余除法形式。

被除数 ÷ 除数 = 商···余数

将其改写一下，就得到了

被除数 = 除数 × 商 + 余数

比如，850÷360=2···130。

用严格的数学语言来表达，即：

设 a 和 b（$b>0$）是两个给定的整数，那么，一定存在唯一一对整数 q 与 r，满足 $a=qb+r$，且 $0 \leqslant r<b$，其中 q 叫作商，r 叫作余数。

如果两个整数 a、b，除以某个自然数 p 的余数相同，那么我们称这两个整数 a、b 模 p 同余，记作 $a \equiv b \pmod p$。同余的两个数有下列性质。

如果 a、b 模 p 同余，那么 $a-b$ 是 p 的倍数。

比如，40 和 16 除以 3 的余数都是 1，我们称 40 和 16 模 3 同余，并且，我们知道 40−16=24，24 是 3 的倍数。

对于上面的结论，我们可以给出一般化的证明，如下。

假设 a、b 除以 p 的余数都为 r，那么可以设 $a=k_1 \times p+r$，$b=k_2 \times p+r$，从而 $a-b=(k_1-k_2)p$，为 p 的倍数。

同余是数论中的一个重要内容，它的一个好处是可以把无限多的自然数按照除以 p 的余数分为有限的 p 类，即余 0，余 1，……，余 $p-1$。

余0	余1	余2	……	余$p-1$

对于上面的方向问题，我们有下面的结论：任意两个模 360 同余的度数，它们所代表的方向相同。

思考题

请证明：在自然数中任取 4 个不同的数，一定有两个数的差是 3 的倍数。

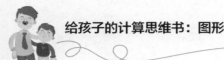

3. 绘制多姿多彩的正多边形

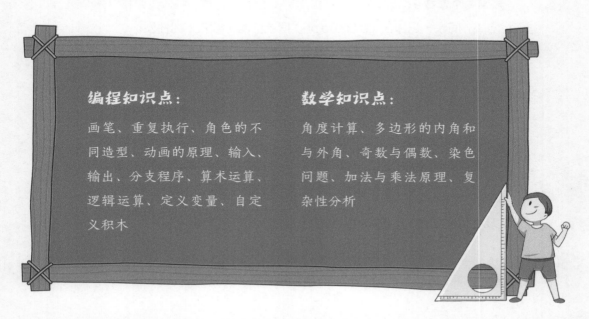

编程知识点：

画笔、重复执行、角色的不同造型、动画的原理、输入、输出、分支程序、算术运算、逻辑运算、定义变量、自定义积木

数学知识点：

角度计算、多边形的内角和与外角、奇数与偶数、染色问题、加法与乘法原理、复杂性分析

小说《平面国》描述了一个二维世界，里面除了等腰三角形，有身份的都是至少有三条边的多边形，而且是各边相等的正多边形。平面国中的居民会把自己的边涂成五颜六色，它们把这称作艺术。

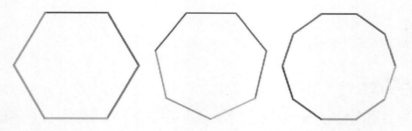

这一章，我们就让小猫在舞台上模仿一下平面国中多姿多彩的居民吧。

3.1 画笔工具

角色不仅能在舞台上移动，还能画出美妙的图案。为了让角色能在舞台上画画，我们需要使用画笔工具。Scratch中默认的积木类型里没有画笔，可以单击如下页图所示红色椭圆圈出的标记，在扩展积木类型里选择画笔积木类型，将其添加到积木类型区。下图展示了画笔积木类型里的各个积木。

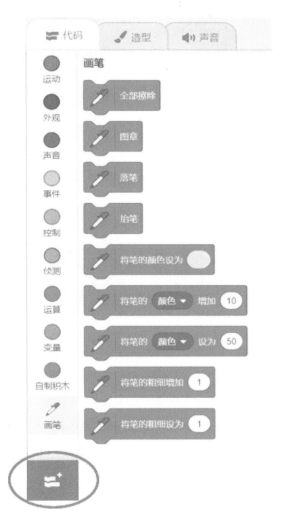

为了让角色画图，我们需要利用落笔和抬笔这两个积木。落笔以后，角色的移动就会留下轨迹，而抬笔以后，角色的移动不会留下轨迹。画笔中的其他一些积木可以用来设置画笔的粗细、颜色和亮度等。

为了画平面国中的正方形，我们可以逐一画出正方形的四条边。为此，我们可以分别让小猫面向90°、180°、270°（-90°）、0°，并沿着每个方向移动100步。当然，也可以让小猫移动100步，右转90°，移动100步，右转90°，移动100步，右转90°，移动100步，右转90°。

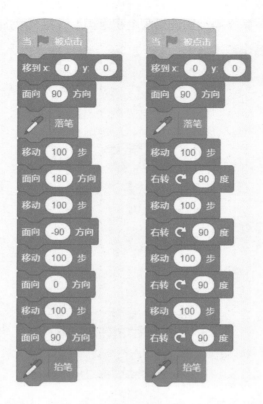

上面两段程序，都能画出下面的正方形。如果大家有兴趣，还可以通过改变画笔的颜色和粗细来调整正方形四条边的颜色和粗细，让正方形看起来更有个性一点儿。

在上面的程序中，我们把若干步骤组合在一起实现了画正方形的目标，我们把这些为了完成一个目标而组合在一起的步骤称为算法。可以看到，实现同样的目标，可以利用不止一种算法。这就好比为了登上山顶可以走不同的登山道，是一个道理。

为什么我要给出两个程序呢？如果大家仔细观察一下，就会发现右边的程序里一直在重复两个动作"移动100步""右转90度"。画正方形还好，只要重复4次就行，但如果是要画平面国中的正一百边形呢？那类似这样的代码得重复100次，整个代码区全都塞满也放不下！那么，有没有更简洁一点儿的办法呢？答案是肯定的。下面我们就介绍Scratch中用于解决这个问题的积木。

3.2 重复执行

Scratch在控制类积木里提供了重复执行的功能，用于解决前面的问题。在控制类积木里，可以找到3种重复执行积木。

第1种重复执行积木，指定了重复执行的次数，在执行完指定次数的循环体后，就结束循环，执行后面的程序。

第2种重复执行积木，没有指定重复执行的次数，它会一直执行循环体中的程序，所以，我们看到在这个重复执行积木下面，是无法再拼接其他积木的（没有对应的卡口）。这是因为，即便拼接了其他积木，也永远执行不了。

第3种重复执行积木，则指定了重复执行的退出条件，也就是当六边形中的条件满足时，就不再执行循环体，转而执行后面的程序。

我们使用第1种重复执行积木来改写之前的代码。我们将前面的代码中重复书写了4次的"移动100步""右转90度"放到重复执行积木里面，把执行次数设定为4，就达到了和前面的代码同样的效果，是不是很简单？

通过每次改变颜色和笔的粗细，我们可以画出比较有个性的正方形。比如，下图（左）的代码可以画出下图（右）的正方形。

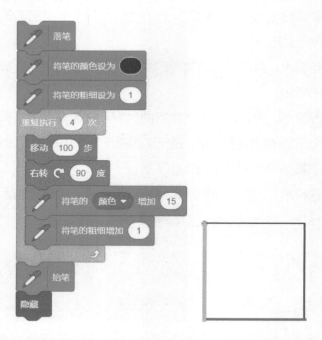

在这一基础上，我们可以思考一下：如果要画一个正六边形，代码应该怎么写？

由于要画六条边，所以重复执行的次数应该是6。每次画完一条边后，需要右转60度（大家可以思考一下为什么是60度）。因此，我们只需要把上面代码的重复执行部分替换为右图的代码即可。

如果要画正十二边形，那可以用下图（左）的代码替换，画出的图形如下图（右）所示。

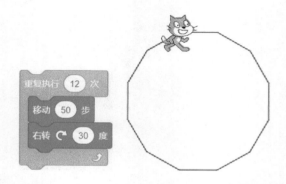

进一步思考一下，如果要画一个正三十边形，那么代码应该怎么写？如果要画一个正

三角形，那么代码要怎么写？一般化地，如果我们要画一个正 x 边形，每次右转 y 度，那么 x 和 y 有什么关系呢？

数学小知识：内角、外角的概念及正 n 边形的内角和与外角和

多边形的内角，是指多边形相邻的两条边的夹角。我们知道，三角形的内角和为 $180°$，四边形的内角和为 $360°$，五边形的内角和为 $540°$。一般地，n 边形的内角和为 $(n-2)×180°$。

为什么是这样呢？我们以七边形为例，给出下面的两种证明方法。

方法 1：如下图（左）所示，我们将七边形分割为 5 个三角形，其内角和为这 5 个三角形的内角和相加，即为 $180°×5=900°$。

方法 2：如下图（右）所示，在七边形的内部取一点 O，将七边形分割为 7 个三角形，则七边形的内角和即为 7 个三角形的内角和减去中间的周角，即：$180°×7-360° = 180°×(7-2)=900°$。

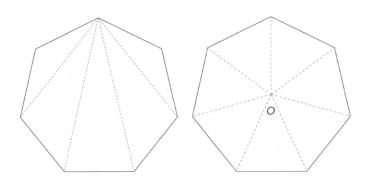

多边形的外角，则是指将一条边向一侧延长后与邻边的夹角。例如，下页图中，将 AB 延长至 F，则 BF 与 BC 的夹角 $\angle FBC$ 就是多边形的外角。如果我们按照某个方向（比如逆时针），将每条边都延长，那么就得到了 n 个外角。神奇的是，这 n 个外角之和竟然与 n 无关，是定值 $360°$！

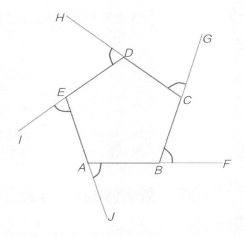

这个结论并不难证明。我们知道，多边形的内角和为（*n*–2）×180°，外角和就是 *n* 个平角之和减去内角和，即 *n*×180°–（*n*–2）×180°=2×180°=360°。当然，也可以换个角度思考，比如一开始角色面向 *A*→*B* 的方向，它左转∠*FBC* 的角度后，就面向了 *B*→*C* 方向，再左转∠*GCD* 的角度后，就面向了 *C*→*D* 方向，如此一圈下来，最后左转∠*JAB* 角度，面向 *A*→*B* 方向。这相当于角色转了一周，即360°，也就是说所有的外角和为360°。

有了这个知识，我们就可以很方便地回答之前的问题：如果要画正 *x* 边形，每次右转 *y* 度，那么 *x* 和 *y* 是什么关系呢？

在我们的程序中，角色每一次旋转其实就是右转一个外角的度数，即 *y* 度，经过 *x* 次旋转，共转过了360°，因此 *x* 和 *y* 满足 $x \cdot y = 360$。因此，如果要画正六边形，那每次应该向右转60°，而如果要画正十二边形，那每次应该右转30°。

思考题

为了画出平面国中的正一百边形，角色应该每次转动多少度？

3.3 角色造型的中心

在数学里谈到旋转，我们除了要知道旋转多少度、是顺时针还是逆时针转，还需要知道一个信息：绕哪个点转。同样，Scratch 中的角色也会绕某个中心旋转。在 Scratch 中，角色都绕着设计角色时所设定造型的中心旋转。

每个角色都至少有一个造型。角色在某个时刻总是以其中一个造型出现在舞台上。当为角色绘制一个新造型时，会出现上面的 ⊕ 图标，这就是角色造型的中心。例如，同样是右侧这段代码，如果是舞台显示的下图（左）的造型，那么小猫就在原地打转，因为造型的中心就是小猫自己的中心。而如果我们在设计造型时将小猫向右平移至下图（右）的位置，则执行上面的代码时，小猫会绕着中心转圈。

3.4 切换造型：动画初步

图形化编程的一大优点就是可以很容易实现动画的效果，Scratch也不例外。实际上，我们看到的动画是由一张张静止的图片组成的。但为什么我们觉得动画里的角色会连续地动呢？其实这是一个障眼法。动画的做法是每隔一小段时间（比如0.1秒）变换一张图片，前后两张图片可以有微小的不同。如果我们连贯地播放这些图片，就造成了角色在动的假象。这里有一个概念叫帧率，也就是每秒播放多少幅图片的意思。设想一下，如果每秒只播放一幅图片，那动画看起来就很不连贯，但如果每秒播放10幅图片，那整个动画看起来就会比较流畅。我们国内的动画，帧率甚至达到120帧/秒。

那怎么在Scratch中做出动画的效果呢？比如，怎么让小猫走路？

在Scratch中，一个角色可以有多个造型，就跟同一个人可以穿不同的衣服、做不同的动作是一个道理。创建一个默认的新项目时，小猫角色有两个不同的造型。如果我们不停地切换两个造型，那就能让小猫动起来了。

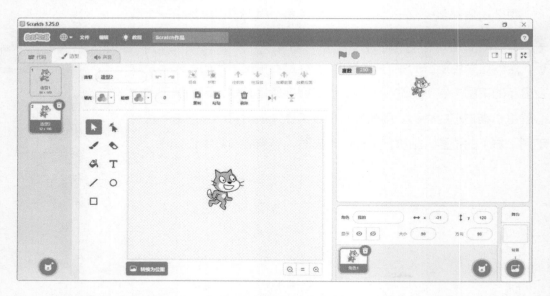

默认情况下，新创建的角色将使用造型1。我们可以通过外观积木类中的下面两个积木来切换造型。其中，第一个 换成 造型2▾ 造型 可以随意指定角色后面将要使用的造型，而 下一个造型 则会切换到下一个造型。注意，如果当前造型已经是最后一个造型，那么下一个造型就切换回第一个造型。

为了让小猫在舞台上展现出走路的动画，我们只需要在循环中不停切换小猫的造型就可以了。执行下图（左）的一段简单代码，就可以让小猫走路了。如果想要控制小猫走路的速度，可以在每移动一次后，等待一小段时间（如0.5秒），相应的代码如下图（右）所示。

还在等什么，赶紧执行程序，让小猫动起来吧！尝试着改变一下小猫每次移动的步数和等待的时间，并注意观察小猫走路的速度有什么变化。

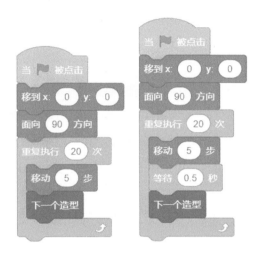

3.5 输入

在之前的代码里，程序里指定画几边形，小猫就只能画几边形。为了画出正二十边形，我们需要修改代码中重复执行的次数和每次右转的度数。有些时候，我们一不小心会输错转动的度数，这时候画出来的多边形就不是我们预期的。我们希望小猫能更智能一点儿：我们让它画几边形，它就能正确无误地画出几边形。

为此，我们首先得能告诉小猫画几边形才行。在编程中，这叫作输入。

其实，执行程序的人把计算机看成一个黑盒子，输入合法的数据，计算机就会输出正确的结果。他们不需要关心程序内部到底是什么逻辑，只有编写程序的人才需要关心程序

内部的逻辑。

　　Scratch侦测积木类提供了两个用于交互输入的积木。其中"询问……并等待"积木会让角色在舞台上输出我们的信息，然后等待用户的输入。当用户输入完成后，输入数据会保存在"回答"积木中。比如，我们输入了5，那么"回答"积木中就存储了5。

　　有了上面这两个积木，为了画出我们指定边数的正多边形，我们不再是重复执行4次或5次，重复执行的次数变成了我们刚才输入的次数，即"回答"次。每次的动作还是一样，即先移动若干步数，然后右转一定的角度。那么，需要右转多少度呢？我们利用之前的结论，即边数 × 右转的角度=360°，可以得出：右转的角度=360° ÷ 边数，在这里就是：右转的角度=360° ÷ 回答。

　　从而，我们可以把之前的画正方形代码改写为下图（左）的代码。执行代码，并在弹出的输入框中输入5（下图右），那么小猫就会画出一个正五边形；如果在弹出的输入框中输入10，那么小猫就会画出一个正十边形。这个小猫，是不是比刚才只会画正方形的小猫要智能多了？

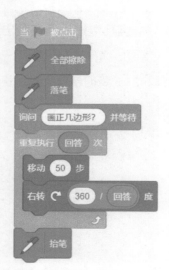

3.6 显示与隐藏

细心的同学可能发现，小猫这个角色盖住了它画出的正五边形的一角，使得大家无法看到完整的正五边形（见下图左）。为此，我们可以使用外观积木类中的 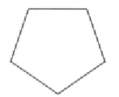 积木，将其拼接在整个代码的最后。这样，角色就会隐藏自己，从而，大家就可以看到完整的正五边形了（见下图右）。注意，虽然角色隐藏了自己，但是它仍然是可以移动和画画的，只是它现在处于隐身状态，我们看不到它而已。

当然，如果你希望小猫角色再次出现，那么可以使用 积木。

角色隐藏之前的效果　　　　　角色隐藏之后的效果

3.7 偶正多边形与奇正多边形

有人可能发现，我们这样画出的正五边形和平常观察到的正五边形有一点点区别。我们平时观察到的正五边形一般是下面这样的，而现在小猫画的正五边形则是倒着的。当然，对于偶正多边形，并不存在这个问题。那么，怎样才能画一个正着摆放的正多边形呢？

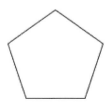

注：偶数：能被2整除的数叫偶数，十进制中的特点是数的末位为0、2、4、6、8；奇数：不能被2整除的数叫奇数，十进制中的特点是数的末位为1、3、5、7、9。

如下图所示，小猫最初面向的方向是90°，即AX所指向的方向，为了画出AB，小猫需要向右转动∠BAX的度数。我们知道正五边形的内角为540°÷5=108°，所以，外角∠FAB= 180°−108°=72°，∠BAX=72°÷2=36°。也就是说，为了画出正着摆放的正五边形，小猫要先右转36°。

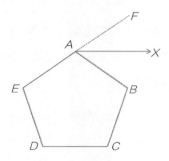

那如果不是正五边形，而是一般性的正n边形（n为奇数）呢？

类似地，我们知道正n边形的外角和为360°，因此每个外角为360°/n，要右转的角度为外角的一半，即180°/n。据此，我们可以写出下面的代码。这段代码可以正确地画出正着摆放的正奇数边形。

```
当 ▶ 被点击

🖊 全部擦除

移到 x: 0  y: 0

面向 90 方向

🖊 落笔

询问 画正几边形? 并等待

右转 ↻ 180 / 回答 度

重复执行 回答 次
    移动 50 步
    右转 ↻ 360 / 回答 度

🖊 抬笔

隐藏
```

但如果输入 4，你就会发现，此时的正方形不是水平摆放的，而是以下面这种方式摆放。这不是我们所期望的！

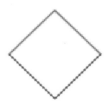

3.8 条件与分支

造成上面这一结果的原因在于：如果是偶正多边形，我们根本无须旋转，只有奇正多边形才需要先旋转一定的角度。为了解决上面的问题，我们需要判断输入的正多边形的边数是奇数还是偶数，并根据不同的条件执行不同的代码：如果是奇数，就右转；如果是偶数，则保持原来的方向。

这就需要用到控制类积木里面的分支积木，即"如果……那么……"或"如果……那么……否则……"

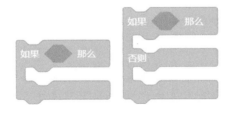

在分支积木中，"如果"与"那么"之间是一个六边形空格，表示这里需要放的是一个条件。如果条件成立，就执行该积木中的代码。如果条件不成立，对于"如果……那么……"积木来说，就直接跳过该积木中的代码，转而执行这一积木后面的代码；对于"如果……那么……否则……"而言，则执行"否则"中的代码。

为了判断输入的边数是奇数还是偶数，我们找到运算类积木中的两个积木，如下图所示。

我们把上面两个积木拼接成右面的表达式。如果这个条件成立，就表示输入的是奇数，否则，表示输入的是偶数。

我们把这个表达式的取值作为"如果……那么……"的判断条件：如果为真，表示要画的是奇正多边形，因此需要首先右转一定的角度，否则，要画的是偶正多边形，不需要右转。从而，我们得到了下面的代码。执行这一段代码，无论输入的是奇数还是偶数，小猫就都能正确地画出正着摆放的正多边形啦。

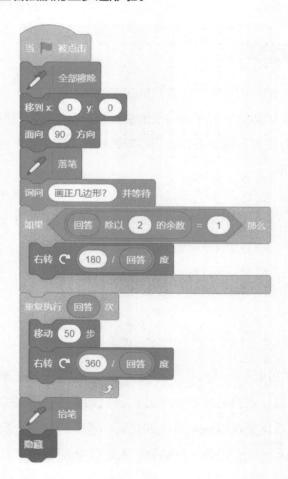

3.9 使用变量存储数据

在上面的程序中，我们利用了系统提供的"回答"积木存储输入的边数。那如果我们不仅希望输入边数，还希望输入边长，该怎么办呢？

如果我们还是使用"回答"，那只能存放输入的一个数据。比如下面的代码，最后"回答"存储的就是边长，而之前输入的边数就被丢掉了。

为此，我们需要变量。所谓变量，就是能存储数据的容器，我们可以把它想象成一个一次只能放一样东西的盒子。我们可以把苹果放进这个盒子，也可以把手机放进这个盒子。盒子是不变的，但放在里面的东西可以变化，因此被称为变量。

Scratch提供了变量类积木，可以创建单个变量，也可以创建列表变量（我们在后文中再介绍列表）。

单击"建立一个变量"，就会出现下页的对话框，提示我们输入新变量的名称。这里，我们输入边长。下面有一个选项，用于指定这个变量适用的范围。由于这个程序只有一个角色，所以直接选用默认的"适用于所有角色"。

单击"确定"按钮后，你会发现在变量积木中多了一个我们刚刚创建的变量"边长"。使用同样的方法，我们再创建一个变量"边数"，用于存储正多边形的边数。

在变量类积木中，有两个积木可以用于改变变量的值。第一个是"将xx设为yy"积木，打开下拉菜单，则可以看到这个角色能使用的变量。第二个是"将xx增加yy"积木，执行这个积木会在变量的当前值基础上增加yy的值。如果增加的是负数，那么就相当于是做减法。

我们分别输入边数和边长，并存储在对应的两个变量中，就可以写出下页的程序。这个程序就可以画任意边长和任意边数的正多边形了，而且，它总是正着摆放的。

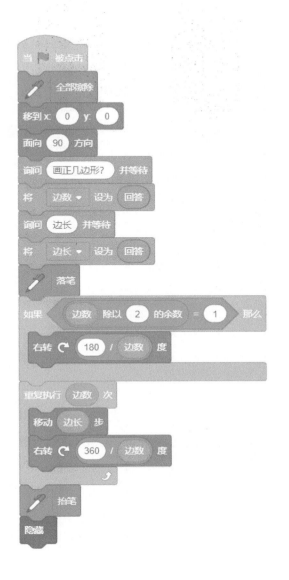

3.10 自制积木

至此，我们已经可以画出一个指定边数和边长的正多边形了。但如果我们希望在舞台的上、下、左、右各画一个同样的正多边形，那该怎么做呢？

最容易想到的一种方法是，我们可以把角色移动到相应的位置，画一个正多边形，然后再移动到另一个位置，再画一个正多边形，如此重复 4 次即可。我们可以用之前学过的重复执行积木的方法来实现这个目标。但这样写出来的代码有点儿冗长。

其实，除了重复执行，我们还可以使用 Scratch 提供的另一个工具：自制积木。我们可以把要重复使用的功能用一个积木来表示，以后每次要使用这个功能时，直接用这个积木就行。

单击自制积木中的"制作新的积木"，就会弹出下面的对话框。

我们可以看到，为了定义一个自制积木，需要输入自制积木的名称。我们把这个自制积木命名为"画正多边形"。为了能画出各种正多边形，我们还需要告诉这个积木要画的正多边形的边数和边长。为此，我们需要为它添加两个参数，这两个参数在Scratch中被称为输入项。我们可以看到，Scratch提供两类输入项：数字或文本、布尔值。其中，数字或文本表示一个数或一段文字，而布尔值则只能为真或假。

我们添加两个数字或文本类型的输入项，一个是边数，另一个是边长，分别用于指定需要画的正多边形的边数和边长。

单击完成后，就可以看到自制积木区出现了一个新的积木"画正多边形"。

而在代码区则出现了一个如下图所示的长得像帽子的新积木。

这个帽子形状积木的意思是,我们需要告诉计算机怎么来画一个给定边数和边长的正多边形。这很简单,我们把之前画正多边形相关的代码复制过来即可(见下图左)。在定义好自制积木后,我们需要在主程序中使用自制积木,就像我们使用系统提供的积木一样。比如,在下图(右)的程序中,我们使用了画正多边形这一自制积木,并告诉它要画的是边长为50的正五边形。

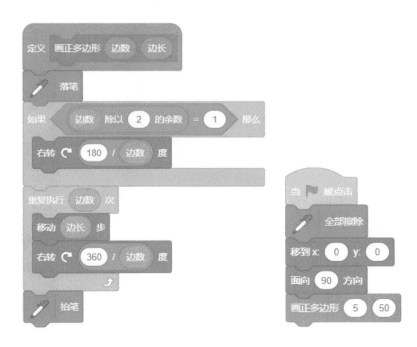

3.11 形参和实参

但是,当我们单击运行上面这段程序时,发现舞台上什么也没有!问题出在哪里呢?

实际上,这里的问题在于定义画正多边形时所使用的"边数"和"边长"变量是我们之前定义的两个变量,颜色是橙色的,而我们要使用的是粉色的边数和边长才对!将所有橙色的边数和边长分别替换为粉色的边数和边长(如下页图所示),程序就可以正常工作了。

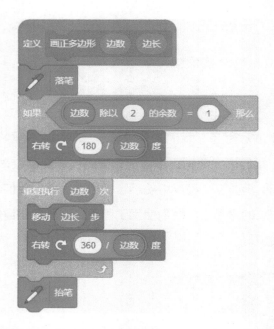

这里，自制积木中提供的边数和边长叫形参，而实际调用的时候，用的是5和50，这里的5和50被称作实参。在调用过程中，会将实参赋值给形参，也就是自制积木中的边数会被设置为5，而边长则被设置为50。

利用上面的自制积木，我们可以想在哪儿画正多边形就在哪儿画正多边形。比如右图的代码，就可以在第一、第二、第三、第四象限各画一个边长为50的正五边形。

3.12 多重循环

我们再把问题变难一点儿。如果我们要画一个正三角形队列，比如4×3个正三角形，那怎么办？

我们当然不太希望将代码复制12次。为此，我们可以使用之前学过的重复执行的方法。4×3表示4行3列，我们可以用嵌套的循环，也就是在一个重复执行积木内部嵌套一个重复执行的积木。我们先重复执行3次，画3个正三角形，然后再画第2行、第3行和第4行。因为除了起始位置，画每一行的3个正三角形的动作是一样的，因此可以在外层再使用重复执行积木，重复执行4次，每次画一行。画完一行后，我们把x坐标重新设置为最左边的位置，然后把y坐标减少75，这样就把角色移动到了下一行的开始位置。而在用于画同一行3个三角形的内层循环中，我们保持y坐标不变，只是改变x坐标的值。

执行完下图（左）的这段代码后，可以画出下图（右）的图形。

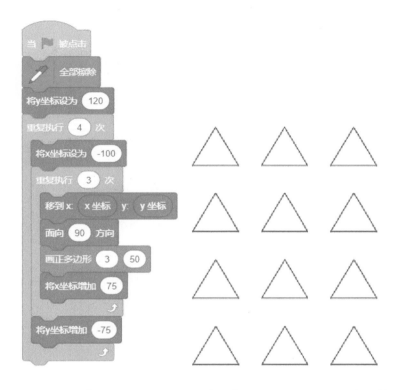

 数学小知识：加法原理和乘法原理

在上面的程序中，画正多边形这个自制积木一共被执行了多少次呢？是7次（4+3=7），还是12次（4×3=12）？

这涉及简单的乘法原理。由于外围的每一次循环，里面都要重复执行3次，所以一共执行12次（4×3=12）。

这就好比一个男孩挑选明天要穿的衣服，有4件外衣和3条裤子可供选择，那么他一共有多少种不同的搭配方式呢？

我们可以画出如下所示的图对穿衣过程进行直观的展示，这个图被称为分支图。

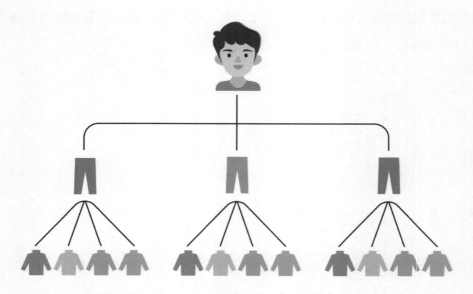

可以看到，每一种裤子都可以搭配4件上衣中的一种，因此，一共有12种（3×4=12）不同的穿衣搭配方式。

这就是计数中最重要的原理之一，即乘法原理。

乘法原理：完成一件事情可以分为N步，每一步分别有m_1，m_2，…，m_N种方法，那么完成这件事总共有$m_1 \times m_2 \times \cdots \times m_N$种方法。

相应地，还有一个加法原理。

加法原理：完成一件事情有N类方法，每一类分别有m_1，m_2，…，m_N种方法，那么完成这件事总共有$m_1 + m_2 + \cdots + m_N$种方法。

思考题

小红要外出，她有2顶帽子、4件外衣和3条裤子，请问她一共可以有多少种不同的搭配方式呢？

3.13 给正多边形着色

这一章的开头提过，平面国中每个多边形都把自己涂得五颜六色。我们对小猫模仿的平面国居民提一个新的要求：画出的正多边形相邻的边不同色，且所使用的颜色尽可能少。

首先，我们需要分析一下最少需要用多少种颜色可以满足要求。对下面的等边三角形、正方形、正五边形、正六边形、正七边形和正八边形稍作分析，我们分别列出了最少需要的颜色数。

边数 n	画正 n 边形最少需要的颜色数
3	3
4	2
5	3
6	2
7	3
8	2

我们发现，如果边数为偶数，那只需要两种颜色即可（间隔使用两种不同颜色）；如果边数为奇数，那需要使用3种不同的颜色才行。

因此，如果是偶数条边，那就间隔使用不同的颜色。而如果是奇数条边，一种可行的方法是在最后一条边之前也间隔使用不同的颜色，直至最后一条边再用另一种颜色。

为此，我们引入一个新的变量"第几条边"，用于记录画的是第几条边。我们使用一个逻辑表达式来判断当前正在画的边是否为奇正多边形的最后一条边。此时，需要同时满足两个条件。

- 画的是奇正多边形，即边数除以2的余数为1。
- 画的是最后一条边，即变量"第几条边"的值等于边数。

那怎么把这两个条件组合起来呢？这涉及逻辑运算积木。

3.14 逻辑运算

在Scratch的运算类积木中，有3个逻辑运算积木。"与"积木表示前后两个条件要同时为真，这个逻辑表达式的值才为真。比如，"5>3与4+2=6"这个表达式的取值为真，而"5>3与4+2=5"的取值就为假。"或"积木表示前后两个条件只要有一个为真，这个逻辑表达式的值就为真，只有当两个条件都为假时，这个逻辑表达式的值才为假。比如"5<3或5除以3的余数=2"，其值为真。而"不成立"积木则取与所给条件相反的真值，即如果原来为真，则变成假；如果原来为假，则变成真。例如，对于逻辑表达式"$x>2$不成立"，如果x取值为5，那么这个逻辑表达式的值就是假；如果x取值为1，那么这个逻辑表达式的值就是真。

根据这一描述，我们可以用右面的逻辑表达式来判断当前画的边是否为奇正多边形的最后一条边。

因此可以写出右面的代码。在重复执行中，我们每次画一条边。如果画的不是奇正多边形的最后一条边，我们交替使用蓝色和棕色，而如果画的是奇正多边形的最后一条边，那就使用绿色。

赶紧试一试这段代码，看看小猫是否能画出五颜六色的正多边形。

思考与练习

用3种颜色画奇正多边形，除了上面的方法，你还有什么其他方法？比如，我们也可以交替使用3种颜色，到最后一条边时看用哪一种颜色与相邻的两条边不同色即可。不妨来练一练吧！

4. 绘制自己的小房子

编程知识点：

基本知识综合运用

数学知识点：

勾股定理、坐标计算

平面国中的居民也有自己的房子，一般是五边形，这与空间国中的房子大不一样。不过，空间国中的房子画在平面上也是一个平面图形。这一章，我们就利用前面几章所学的知识，来画一间卡通小房子，房子的形状大致如左图所示。

首先，我们来分析一下这个房子里有哪些几何形状。不难看出，这个卡通房子由一个正三角形的屋顶、一个正方形的房屋主体、4个小正方形组成的窗户和一扇长方形的门组成。这其中，正三角形和正方形都可以用我们之前编写的画正多边形自制积木完成。而为了画长方形，我们得重新定义一个自制积木：画长方形。为了画一个长方形，我们需要知道这个长方形的长和宽，我们把它们作为自制积木的两个参数。右图给出了"画长方形"这一自制积木的定义。

4.1 **设计坐标系统**

为了能正确画出房子，我们首先得有一个坐标系统，并计算出各个关键位置的坐标。

确定一个坐标系需要确定原点、x 轴和 y 轴。原则上，我们可以选择任何点作为原点，任何方向作为 x 轴的方向。但为了简化计算，我们以正三角形底边的中点作为原点，以水平和垂直方向分别为 x 轴和 y 轴，建立坐标系，如右图所示。假设正三角形的边长为 120，房子主体正方形的边长为 100，则根据

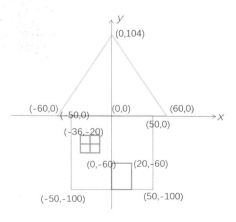

勾股定理（见本章"数学小知识"），可以求得正三角形上面的顶点坐标大约为（0, 104），我们假设门的水平宽度为 20，垂直高度为 40，窗户的每个小正方形格子的边长为 10。图中标出了一些关键点的坐标。

 思考题

坐标系的设计方式并不是唯一的，你完全可以按照自己喜欢的方式来设计坐标系。不妨来试一试，看看你还有没有其他的坐标系设计方式？

 4.2 **初步尝试**

基于上面的坐标设计，我们就可以尝试画对应的房子了。在下页图（左）的代码中，我们首先画屋顶的正三角形，然后画大正方形的房屋主体，接着画窗户的 4 个小正方形，最后画长方形的门。执行该代码后，舞台上展示了下页图（右）所示的房子。注意，这里我们多次使用了自制积木画正多边形，每一次绘制图形之前都要把角色移动到相应多边形的顶点位置。

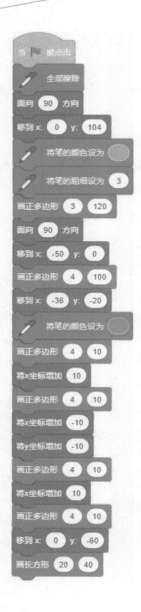

4.3 让代码更简洁

　　上面的代码看上去有点儿冗长。我们可以定义一个如下页图（左）所示的画窗户的自制积木，这样可以让主程序（下页图右）变得更简洁。在画窗户的积木里，我们调用了之前定义的画正多边形的积木。

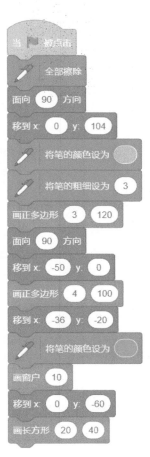

数学小知识：**勾股定理**

在前面学习的画正三角形的内容中，我们需要计算等边三角形高的长度。这需要用到数学上非常有名的一则定理，即勾股定理，如下。

在直角三角形 ABC 中，$\angle A=90°$，则 $AC^2+AB^2=BC^2$

勾股定理被誉为千年第一定理。早在周朝时期，我国的商高就提出了"勾三股四弦五"的勾股定理特例（即三角形的三条边长分别为3、4和5）。在西方，最早提出并证明此定理的为公元前6世纪的古希腊数学家毕达哥拉斯，因此该定理在西方也被称为毕达哥拉斯定理。

勾股定理的证明方法众多，现存有500多种证法，足以写一本书。教科书上用的是一种类似于拼图的证明方法。

教科书证法：观察下图中左右两个正方形，边长都是$a+b$，因此面积相等。左边是由一个边长为a的正方形、一个边长为b的正方形与4个直角边分别为a、b的直角三角形组成，而右图则是由一个边长为c的正方形与4个直角边分别为a、b的直角三角形组成，因此边长为a的正方形与边长为b的正方形的面积之和就等于边长为c的正方形的面积，即$a^2+b^2=c^2$。

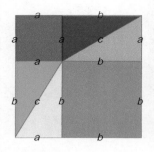 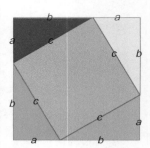

关于勾股定理的证明，我国古代数学家赵爽（约182—250年）和刘徽（约225—295年）分别给出过非常有说服力的证明。赵爽给出的证明方法被称为赵爽弦图（见下图左），而刘徽给出的证明方法被称为青朱出入图（见下图右）。

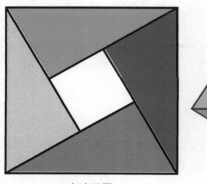

赵爽弦图

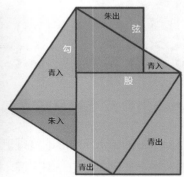

青朱出入图

这里，再给出2000多年前《几何原本》的作者欧几里得给出的勾股定理证明方法。这种方法虽然不如其他一些方法简洁，但却充分体现了平面几何方法的一些精髓：旋转、全等、等积变换等。

如下页图所示，分别以两条直角边和斜边往外作3个正方形，连接FC、AD。

将$\triangle ABD$绕B点逆时针旋转$90°$，即得到$\triangle FBC$。因此，$S_{\triangle ABD}=S_{\triangle FBC}$。

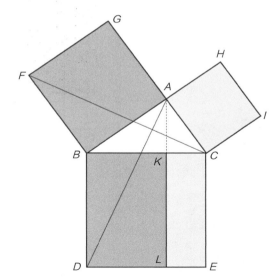

$$S_{\triangle ABD}=BD \times DL \div 2=\frac{1}{2}S_{\text{长方形}BDLK}$$

$$S_{\triangle FBC}=BF \times AB \div 2=\frac{1}{2}S_{\text{正方形}ABFG}$$

因此，$S_{\text{正方形}ABFG}=S_{\text{长方形}BDLK}$

同理，$S_{\text{正方形}AHIC}=S_{\text{长方形}KCEL}$

由于$S_{\text{正方形}BCED}=S_{\text{长方形}BDLK}+S_{\text{长方形}KCEL}$

因此，$AC^2+AB^2=BC^2$

勾股定理在数与形之间架起了一座桥梁。数形结合是一种极为重要的数学思想。我国著名数学家华罗庚先生曾说过："数缺形时少直观，形少数时难入微；数形结合百般好，隔裂分家万事非。"

思考题

右图中大正方形的边长等于多少？

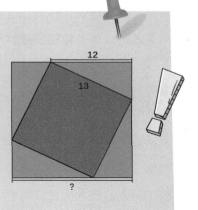

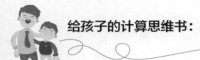

5. 理性的逻辑运算

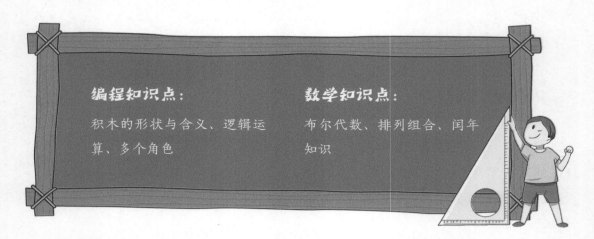

编程知识点：
积木的形状与含义、逻辑运算、多个角色

数学知识点：
布尔代数、排列组合、闰年知识

在之前的章节中，我们已经简单了解了运算类积木，主要可以进行加、减、乘、除、取余等算术运算，还可以比较两个数的大小。在这一章中，我们将对这些运算类积木进行更深入的分析，特别是逻辑运算类积木。

 算术表达式与关系表达式

我们把参加一个运算的数称为操作数。大部分的运算类积木都需要两个操作数，也有部分运算类积木只需要一个操作数。比如减法运算需要两个操作数，分别是被减数和减数，而四舍五入运算只需要一个操作数。

不知道大家有没有注意到，在运算类积木中，大部分积木的操作数是椭圆形的，比如下面的加法运算和取余数的运算。

这些运算积木的椭圆形空白处可以填一个数，也可以把同样为椭圆形的变量填在里面。

更进一步，由于这些积木本身也是椭圆形的，这表示它们的运算结果还是一个数，我们可以把运算结果本身再次填到积木的椭圆形操作数里，这样就可以组合出比较复杂的运算，如下图所示。

我们把上面的这些运算符称为算术运算符，椭圆形空白处可以填任何算术表达式，运算的结果也是一个算术表达式。

但在运算类积木中，有一些积木的操作数和运算结果的形状却与上面的积木不一样。

比如>、<、=这3个运算符，它们的操作数可以接受椭圆形的算术表达式，但自身却是六边形的。这3个运算符被称为关系运算符，对应的运算表达式被称为关系表达式。与椭圆形的算术表达式不同，六边形的关系表达式的运算结果只有两个：真（True）或假（False）。取值只能是真或假的数据，我们称之为布尔类型的数据。

在组合不同运算符的时候，大家一定要注意操作数的形状。我们不能把关系表达式的运算结果放到上面的算术运算表达式的操作数里，因为六边形和椭圆形无法匹配。

关系运算符主要用于比较两个数的大小或者比较两个数是否相等。比如，如果长和宽分别等于30和40，那么下面3个关系表达式的运算结果分别为真、假、假。

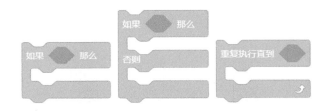

我们发现，在控制类积木中，有些地方是可以接受六边形的表达式的，比如下面的3个积木。左边两个积木表示如果提供的六边形表达式的运算结果为真，那么就执行后面的代码；而最右边的积木表示如果提供的六边形表达式的运算结果为真，就不再执行循环。

5.2 逻辑运算表达式

在运算类积木中，我们发现还有3个积木，它们的操作数与其他运算的操作数不同，这3个积木的操作数本身就是一个六边形，其运算结果也是六边形。这表明，它们接受的操作数本身就是布尔类型的数据或表达式，并且运算结果也是布尔类型的。这类运算符被称为逻辑运算符，对应的表达式被称为逻辑运算表达式。这时候，我们就不能把类似于长×宽这样的表达式作为逻辑运算符的操作数了，因为椭圆形和正六边形无法匹配。

这其中，A 与 B 的运算规则是：仅当A和B两个条件都为真时，其运算结果才为真，否则就为假，对应的运算表如下。

A	B	A与B
真	真	真
真	假	假
假	真	假
假	假	假

A 或 B 的运算规则是：仅当A和B都为假时，其运算结果才为假，只要A或B中间至少有一个为真，其运算结果就为真，对应的运算表如下。

A	B	A或B
真	真	真
真	假	真
假	真	真
假	假	假

A 不成立 这个运算积木比较特别，它只有一个操作数。这个积木的运算规则是：当A为真时，其运算结果为假，反之，其运算结果为真，对应的运算表如下。

A	A不成立
真	假
假	真

由于逻辑运算表达式的结果本身也是六边形（即布尔类型），因此可以把逻辑运算表达式的结果作为另一个逻辑运算表达式的操作数，从而组合出更复杂的逻辑运算表达式。

比如，如果我们想判断一个自然数是否为偶合数，那么需要同时满足两个条件：第一，这个自然数是偶数；第二，这个自然数不等于2。我们可以用下面的逻辑表达式来表示上面的判断条件。

5.3 电灯实验

为了加深理解"与"和"或"的逻辑运算，我们设计了一个电灯实验。

首先，我们设计了如下图所示的电路背景。

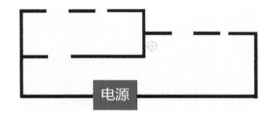

然后，我们设计了5个角色：两个灯泡和3个开关，分别命名为灯泡A、灯泡B和开关1、开关2、开关3，并将这些角色移动到相应的位置，如下图所示。

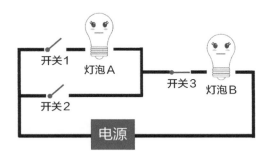

我们为灯泡设计了两个造型，分别为暗（造型编号为1）和亮（造型编号为2）。

同样，我们为开关也设计了两个造型，分别为打开（造型编号为1）和闭合（造型编号为2）。

开关角色的代码非常简单，只需要"当角色被点击"时，换成"下一个造型"即可。

两个小灯泡角色的代码则略有不同，因为两者亮的条件是不一样的。

对于小灯泡A，只有当开关1和开关3同时闭合时，才会亮，对应的逻辑表达式如下。

由于我们要不断地检测开关的状态变化，因此，我们将逻辑判断放入一个循环中，不停地检测开关的状态（后面学了消息后，我们可以通过消息传递来避免不停地检测）。小灯泡A的代码如下。

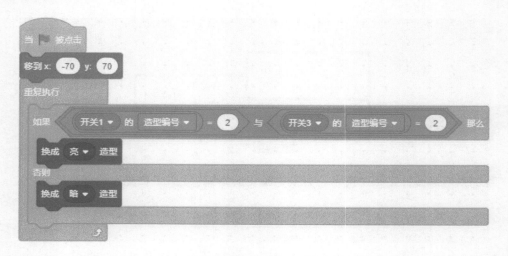

对于小灯泡B，它亮的条件除了开关1和开关3同时闭合外，还可以是开关2和开关3同时闭合，因此其判断逻辑是下页两个条件的任何一个成立即可。

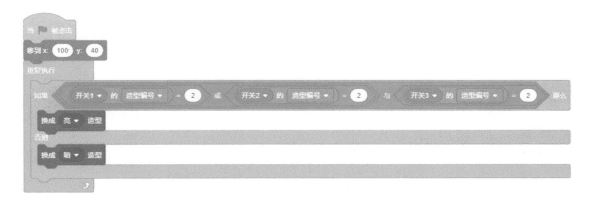

我们可以用"或"运算符连接这两个条件，如下。

我们也可以换一个角度来理解这个逻辑条件。要让小灯泡B亮，那么开关3必须处于闭合状态，而开关1或开关2中至少有一个要处于闭合状态，因此，逻辑表达式也可以如下。

按照这一逻辑，小灯泡B的完整代码如下。

最后，3个开关打开与闭合一共有8种可能，对应的灯泡A与灯泡B的亮/暗情况如下表所示。

序号	开关1	开关2	开关3	灯泡A	灯泡B
1	打开	打开	打开	暗	暗
2	打开	打开	闭合	暗	暗
3	打开	闭合	打开	暗	暗
4	打开	闭合	闭合	暗	亮
5	闭合	打开	打开	暗	暗
6	闭合	打开	闭合	亮	亮
7	闭合	闭合	打开	暗	暗
8	闭合	闭合	闭合	亮	亮

单击小绿旗，执行程序，并单击各个开关，就可以看到小灯泡的状态变化。下面两张图分别给出了第2种和第4种情况的实验结果。

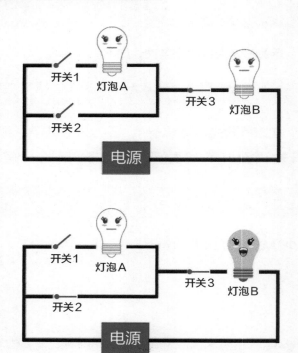

5.4 判断闰年

最后，我们来看一个非常经典的例子——判断某个年份是否为闰年。

我们知道，某个年份为闰年，满足下列两个条件之一即可。

（1）年份是4的倍数但不是100的倍数。

（2）年份是400的倍数。

第二个条件比较简单，直接看年份除以400的余数是否等于0即可；第一个条件实际上得同时满足两个要求，即年份除以4的余数为0，同时除以100的余数不等于0。将两个条件用"或"连接起来，我们得到了下面的逻辑表达式。

数学小知识：闰年的来历

　　有一个问题值得大家思考：为什么闰年的定义要这么复杂呢？或者思考得更根本一点，为什么我们需要定义闰年？

　　实际上，这是因为地球绕太阳运行的周期为365天5小时48分46秒（约合365.2422天），这被称为一个回归年。如果每年都按365天来计，那么若干年以后就会出现累积的偏差。

　　为了矫正每年额外多出的5小时48分46秒，公历规定有平年和闰年之分。平年一年有365天，比回归年短0.2422天，4年共短0.9688天，因此每4年增加1天，第4年有366天，就是闰年。但4年增加1天比4个回归年又多出了0.0312天（1-0.9688=0.0312），400年后将多出3.12天。因此，每400年少设3个闰年，也就是在400年中只设97个闰年。正是基于这个原因，才有了"整百的年份必须是400的倍数，它才是闰年"的规定。

思考题

　　（1）如果进一步探究，你会发现这个矫正过程并没有结束，400年仍然比400个回归年多出0.12天，那么，怎么才能进一步矫正这个误差呢？

　　（2）判断下列年份是否为闰年？

　　1908、2020、1900、2030、2100、2200

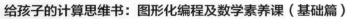

6. 枚举的威力与局限

我们知道计算机的计算速度非常快。如果让人一步步地算从1加到10000，那得算半天，可计算机不到1秒就可以把结果算出来。即便是世界上第一台数字电子计算机ENIAC，每秒也能做5000次加法运算，比人的运算速度要快得多。

之后，计算机的计算速度飞速发展。英特尔创始人之一戈登·摩尔通过观察数据得出一个结论：集成电路上可以容纳的晶体管数目大约每经过18个月便会增加一倍，相应地，性能也会提升一倍。这个经验被称为摩尔定律。如今，一部手机的运算能力就已经超越了当年美国登月所用的计算能力。我国曾夺得全球超级计算机性能冠军的天河二号，每秒可进行 3.39×10^{16} 次双精度浮点运算。

正是由于计算机强大的计算能力，人类才会把许多问题都交给计算机来算。最典型的应用就是让计算机去枚举所有的可能，然后找出满足要求的答案。这个枚举的过程对人类而言往往是枯燥而乏味的，更重要的是，我们常常没有那么多精力来完成所有的枚举。不过，虽然计算机很强大，却也不是万能的，你大概想不到，有些问题连计算机也算不过来呢。这个时候，就要发挥我们人类的聪明才智了。

6.1 鸡兔同笼

鸡兔同笼是中国古代的数学名题之一。 大约在1500年前，《孙子算经》中就记载了这个有趣的问题。书中叙述如下。

今有雉兔同笼，上有三十五头，下有九十四足，问雉兔各几何？

翻译一下，这句话的意思是：有若干只鸡和兔子在同一个笼子里，从上面数有35个头，从下面数有94只脚，问笼中各有多少只鸡和多少只兔子？

利用计算机强大的运算能力，我们可以很方便地枚举完所有的可能，从而输出结果。比如，我们可以从鸡的数量为0开始枚举，逐步增加鸡的数量，直至全部为鸡为止。由于总共是35个头，因此兔子的数量＝35−鸡的数量。对于每一种情况，我们判断一下脚的总数（鸡的数量×2+兔子的数量×4）是否等于94即可。如果脚的总数等于94，那就满足题目的要求。根据这一思路，我们可以写出如下代码。

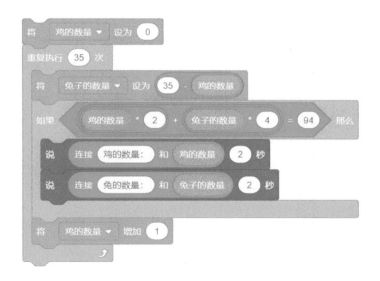

如果我们列张表，那么程序执行枚举的过程如下。

鸡的数量	兔子的数量	脚的数量
0	35	140
1	34	138
2	33	136
3	32	134
…	…	…
23	12	94
…	…	…

对这个过程稍作分析，就可以得到我们常说的假设求解法。也就是刚开始假设全是兔子，那共有35×4=140只脚，但实际只有94只脚。后面每次把一只兔子换成一只鸡，则

减少两只脚。为了使得总共的脚数量为94只，一共需要把23只［（140-94）÷2=23］兔子换成鸡。因此，一共有23只鸡和12只兔子。

6.2 百钱分百鸡

我国古代数学家张丘建在《张丘建算经》一书中曾提出过著名的"百钱买百鸡"问题，该问题叙述如下。

鸡翁一，值钱五；鸡母一，值钱三；鸡雏三，值钱一；百钱买百鸡，则翁、母、雏各几何？

我们也可以通过枚举所有的可能来解这个问题。由于鸡翁、鸡母、鸡雏一共有100只，因此，如果我们设定好鸡翁和鸡母的数量，那么鸡雏数量=100-鸡翁数量-鸡母数量。如果3种鸡的价值（鸡翁数量×5+鸡母数量×3+鸡雏数量/3）正好是100钱，那就是满足题目要求的一个解。

```
将 鸡翁数量 ▼ 设为 0
重复执行直到 < 鸡翁数量 > 100 / 5 >
  将 鸡母数量 ▼ 设为 0
  重复执行直到 < 鸡母数量 > 100 / 3 >
    将 鸡雏数量 ▼ 设为 100 - 鸡翁数量 + 鸡母数量
    如果 < 鸡翁数量 * 5 + 鸡母数量 * 3 + 鸡雏数量 / 3 = 100 > 那么
      说 连接 连接 连接 连接 连接 鸡翁: 和 鸡翁数量 和 ,鸡母: 和 鸡母数量 和 ,鸡雏: 和 鸡雏数量 5 秒
    将 鸡母数量 ▼ 增加 1
  将 鸡翁数量 ▼ 增加 1
```

这里，我们要枚举鸡翁和鸡母数量的所有可能组合，比如鸡翁为1只，鸡母可以是0，1，2，…，99只；鸡翁是2只，鸡母可以是0，1，2，…，98只。因此，我们需要一个双重循环。我们用外循环来控制鸡翁的数量，用内循环来控制鸡母的数量。实际上，由于鸡翁每只值5钱，因此最多有鸡翁20只（100÷5=20），因此外循环最多执行到20只鸡

翁就可以停止了；类似地，鸡母最多有33只，因此，我们设定内循环的最大值为33。

执行这个程序，可以正确输出四组结果，如下表所示。

鸡翁数量	鸡母数量	鸡雏数量
0	25	75
4	18	78
8	11	81
12	4	84

但仔细分析一下上面的程序可以发现，有些循环是多余的。比如当鸡翁为20只时，此时鸡母只可能为0只，完全不需要从0再枚举到33！也就是说，内循环的次数其实依赖于外循环中鸡翁的数量。因此，我们将内循环的结束判断条件修改成如下图所示。

修改后的代码如下。不难看出，修改后的代码执行的循环次数要少得多。

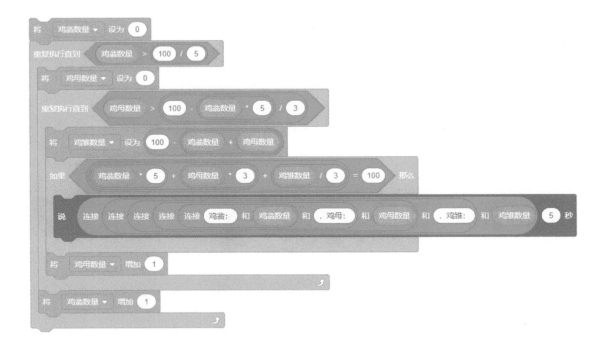

6.3 判断一个数是否为素数

　　自从人类发明自然数起，素数就成为众多的数学家感兴趣的研究对象。素数是什么呢？如果一个大于1的自然数只能被1和它自身整除，这个数就被称为素数（也叫质数），否则，它就是合数。比如，20以内的素数有2，3，5，7，11，13，17，19，而9不是素数，因为9可以被3整除。注意：按照定义，1既不是质数也不是合数，而2则是唯一的偶素数，其他偶数都能被2整除，因此其他偶数都是合数。

　　人们很早就开始了对素数的探索。大家发现，随着数越来越大，素数越来越少。迄今为止人类发现的最大素数是2018年一位名叫帕特里克·罗什的美国人利用互联网梅森素数大搜索（GIMPS）项目发现的第51个梅森素数$2^{82589933}-1$，位数高达24862048位。

　　那么，怎么判断一个自然数N是否为素数呢？按照定义，我们可以从2开始逐一地去除N，如果其中有一个数能除得尽N，那么N就是合数，而如果从2到N−1都无法除得尽N，那N就是素数。据此，可以写出下面的基于枚举思想的素数判别算法。

```
询问 输入： 并等待
如果 回答 = 1 那么
    说 连接 回答 和 既不是素数也不是合数 2 秒
    停止 全部脚本 ▾

将 i ▾ 设为 2

重复执行 回答 − 2 次
    如果 回答 除以 i 的余数 = 0 那么
        说 连接 回答 和 是合数 2 秒
        停止 全部脚本 ▾

    将 i ▾ 增加 1

说 连接 回答 和 是素数 2 秒
停止 全部脚本 ▾
```

可以看出，为了确定一个数 N 是素数，这个判别程序需要作 N-2（即 回答 - 2 ）次除法，即用 2 到 N-1 分别去除 N，对于一个很大的数，比如 1234567891，需要做的除法次数很多。实际上，判断素数有更好的方法，请见本套书的进阶篇第 8 章。

6.4　字符串匹配

我们常常面临在某个文档中查找某个特定字符串是否出现的任务，比如要在微信聊天记录中搜索某个特定的关键词。一般的文本处理软件（比如 WPS Office）也提供"查找"及"查找和替换"功能。

Word 文档中的查找和替换功能

为实现这样的一个功能，我们需要找出某个待查找的内容在文档中的所有出现位置。比如，"bab"在字符串"cbababeabab"中出现 3 次，出现位置的起点分别为第 2、第 4 和第 9 个字符。

为了模拟字符串匹配的功能，我们需要用到 Scratch 运算类积木提供的字符串操作积木。 连接 苹果 和 香蕉 积木把两个字符串连接在一起，运算结果就是连接后的字符串，比如上面的运算结果就是"苹果香蕉"。

苹果 的第 1 个字符 积木则取出字符串某个位置的字符，比如"苹果"的第 1 个字符就是"苹"。 苹果 的字符数 的运算结果就是字符串包含的字符数，比如"苹果"的字符数是 2。

这 3 个积木本身也是椭圆形的，因此，运算的结果也可以被放到其他合适的运算类积木的椭圆形积木中。

六边形的 `苹果 包含 果 ?` 是一个逻辑运算符，运算结果是一个布尔值，这个积木表示：如果第一个字符串包含第二个字符串，就返回真，否则返回假。

那怎么让计算机来实现这个字符串匹配的功能呢？不难想到，我们可以把待匹配字符串"bab"（称为子串）的首字母"b"先后和"cbababeabab"的第1，2，3，…，9个字符对齐，然后看从这个位置开始的3个字符是否与子串"bab"完全相同。整个过程如下。

首先，我们将i设定为字符串的第一个位置，然后将子串的第一个字符和字符串的第i个字符对齐，逐一比较从i开始的字符是否相同。在这个例子中，由于第一个字符就不相同（分别为c和b），因此在位置1处没有出现子串。

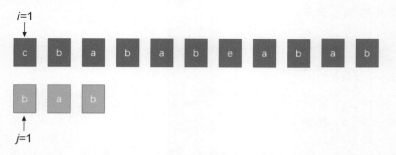

接着，我们将i增加1，并将子串首字母与字符串的第二个字符对齐，从头开始逐一比较各个字符。我们使用另一个变量j控制逐个比较的字符个数。我们看到，一直比较到子串的最后一个字符都相同。此时，$j=4$，已经大于子串的长度。这表明，我们找到了子串的一次出现。

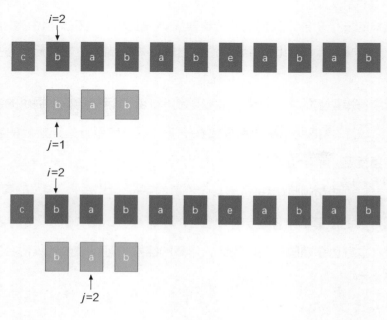

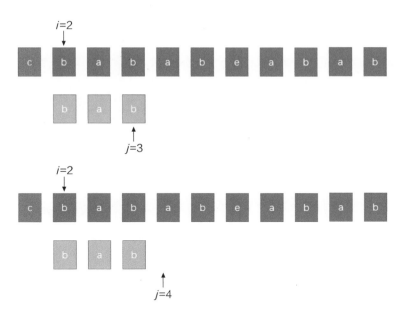

然后我们再将*i*增加1。如此循环，一直到*i*>9（字符串长度−子串长度+1）为止。

基于上面的分析，我们可以使用一个双重循环来实现字符串匹配的功能。我们让双重循环的外循环从*i*=1开始，直到*i*大于两个字符串的长度差+1为止（因为这之后，字符串剩下的长度已经小于子串的长度了，不可能再匹配）。

而内循环结束的条件，则只要满足下面的两个条件之一即可。

（1）比较到子串的第*j*个字符时，发现与原字符串对应位置（*i*−1+*j*）的字符不相同，这表明原字符串的位置*i*处不包含待查找的子串，此时可以终止比较，对应的判断条件如下。

（2）一直比较到最后一个位置，字符都相同。这表明原字符串的位置*i*处包含待查找的子串。此时，*j*的值最终会大于子串的长度，也终止内循环，对应的判断条件如下。

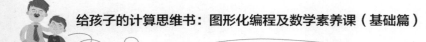
因此，整个内循环结束的条件用"或"运算表示如下。

当内循环结束时，我们判断一下是因为满足了上面哪个终止条件而结束的。如果是因为满足了第二个条件终止的，那就表示我们找到了子串的一次出现，此时，应该输出位置*i*。而如果是因为满足了第一个条件终止的，那就表示在该位置没实现匹配，则我们直接进行下一次外循环即可。

完整的程序如下图所示。

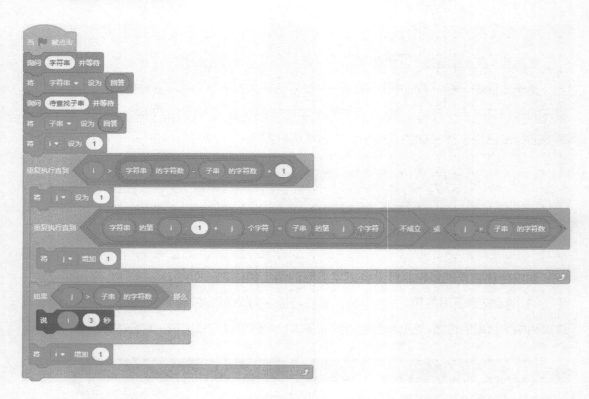

如果输入字符的长度为n，而待查找的字符串的长度为m，那么上面的字符串查找算法最多需要进行多少次字符比较操作呢？

我们知道，外循环一共执行了$n-m+1$次，而内循环每一次最多执行m次（出现匹配时执行m次，如果不匹配则小于等于m次），因此最多执行（$n-m+1$）×m次字符比较操作。

其实，字符串查找还有更快速的算法，叫KMP算法，它最多只需要执行$n+m$数量级的操作，这里就不再展开了。

6.5 八皇后问题

前面的几个例子，计算机通过枚举都能较快地给出答案。但是，并不是所有的问题都能快速通过枚举求解。有些问题采用直接枚举则难以很快解决，比如著名的八皇后问题。这个问题描述如下。

在 8×8 格的国际象棋棋盘上摆放 8 个皇后，使其不能互相攻击，即任意两个皇后都不能处于同行、同列或同斜线上，问一共有多少种摆法。

比如，下图是一种满足要求的摆法。

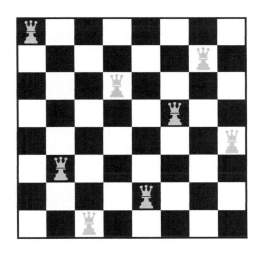

最直接也最容易想到的一种解法就是暴力枚举法。我们可以假定 64 个格子都摆有皇后，任选 8 个皇后，选定后看是否满足任意两个皇后都不处于同行、同列、同斜线上的条件，若满足则将满足条件的方案数加 1。

但是，从 64 个格子中任选 8 个皇后，一共有 4 426 165 368 种不同的取法（ $\frac{64\times63\times62\times61\times60\times59\times58\times57}{1\times2\times3\times4\times5\times6\times7\times8}$ =4 426 165 368），这个枚举量显然令人难以接受。

那能不能减少枚举的数量呢？

如果我们意识到每一行只有一个皇后，那我们可以固定第一行的一个皇后，让它从 1 到 8 中任选，然后再确定第二行的皇后位置，让它从 1 到 8 任选，依次类推，一共有

16 777 216种（8^8=16 777 216）情况。对于每一种情况，我们判断同列、同斜线上是否有两个皇后即可。可以看到，这种方法的枚举数量已经比第一种方法少了很多。实际上，在第二种方法中，我们通过限定不同的皇后不能在同一行，从而大大地减少了枚举的数量。

当然，还可以进一步做优化。我们可以在第一行确定好后，让第二行的皇后不与第一行的皇后位于同列，让第三行的皇后不与第一、第二行的皇后位于同列（当然，这里需要进行一些额外的判断工作），这样，枚举的数量降低到40 320种（8×7×6×5×4×3×2×1= 40 320）情况，大概只有第一种方案的十万分之一！

通过这个例子，我们可以看到，虽然计算机的计算速度很快，但如果没有一个聪明一点儿的方法，计算机还是会显得很笨。这是因为计算机自己并不会思考，只会按部就班地执行我们给它编辑的程序。怎么才能让计算机的计算速度快上加快呢？归根结底还是要依靠人类的智慧。

7. 对称图案与模仿秀

编程知识点：

算法、抽象、问题分解、代码复用

数学知识点：

轴对称、中心对称、旋转对称、相反数

古希腊著名的数学家毕达哥拉斯曾说过："美的线条和其他一切美的形体都必须有对称的形式。"

大自然中的许多物体和现象，确实具有对称的形式。比如下图中的雪花、蝴蝶和向日葵。

这一章，我们就通过图形化编程来体验一下对称之美。

数学小知识：**对称的类型**

　　大多数时候，我们谈论的对称，都是指三维空间里形状的对称。那究竟什么是对称呢？我们可以用一句话简要概括一下：如果有一个物体或图案，我们对它做了某种操作之后，它看上去还和之前一样，那它就是对称的。比如我们常常讲的3种对称类型为：轴对称、中心对称和旋转对称。

　　（1）轴对称

　　如果一个图形沿着某条直线对折后完全重合，那么这个图形就是轴对称图形。相应地，这条直线被称作对称轴。

　　（2）中心对称

　　如果一个图形绕着某个点旋转180°后与原图形完全重合，那么这个图形就是中心对称图形。

　　（3）旋转对称

　　如果一个图形绕着某个点旋转某个角度（＜360°）后与原图形完全重合，那么这个图形被称为旋转对称图形。

　　一个图案可以是轴对称图形、中心对称图形或旋转对称图形中的一种或多种。例如，下面这些常见的标志中，（b）（c）（d）（e）（f）是轴对称图形，（a）（b）（g）是中心对称图形，（a）（b）（f）（g）是旋转对称图形。

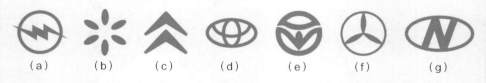

　　（a）　　　　（b）　　　　（c）　　　　（d）　　　　（e）　　　　（f）　　　　（g）

　　对称的图形常常给人以一种美感。数学里，对称也是一种常见的形式。比如下页图中左侧的杨辉三角呈左右轴对称，下页图中右侧的赵爽弦图则呈中心对称和旋转对称。

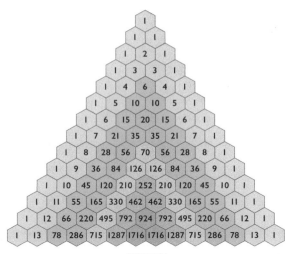

杨辉三角

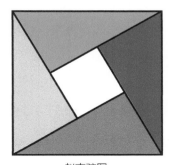

赵爽弦图

注：杨辉三角是一个无限对称的数字金字塔，从顶部的单个1开始，下面一行中的每个数字都是上面两个数字的和，它是二项式系数在三角形中的一种几何排列。在中国南宋数学家杨辉1261年所著的《详解九章算法》一书中出现。在欧洲，帕斯卡（1623—1662年）在1654年发现这一规律，所以这个表又叫作帕斯卡三角形。帕斯卡的发现比杨辉迟了393年。

思考题

下列汉字中，哪些是轴对称图形，哪些是中心对称图形？

中、昍、互、朋、田、日、杰、赫、王、同

7.1 简单的对称图案

用Scratch可以很方便地画出各种对称图案。我们先从画下面的简单图案开始。下图中的3幅图案同时是轴对称、中心对称和旋转对称图案。

为了画出这些图案，我们首先设计一个方块角色。角色的造型设计如右图所示，中间的白色三角形用于表示正方形当前面向的方向。角色的中心点恰好与正方形最左侧的顶点重合。

对于第一个图案，我们可以使用最笨的办法，依次画上、右、下、左4个图形。每次都是从这4个图形的中心点（0，0）分别面向0°、90°、180°、270°（−90°）方向移动20步，然后用图章积木复制图形即可（注：图章积木会在角色所处位置刻下角色当前造型的一个图案，就跟盖个章一样）。

为了每次回到中心点，我们可以使用积木 移到 x: 0 y: 0 ，也可以通过向朝相反方向移动−20步来实现，即 移动 -20 步 。下面的左右两段代码分别使用这两种方式实现了相同的功能。

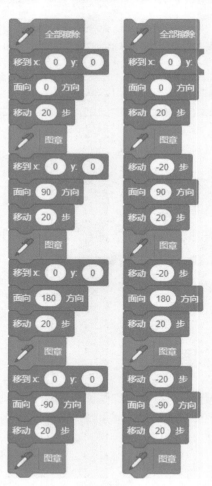

当然，我们可以使用循环来简化上面的代码。比如，下页图中左侧的代码，我们使用一个变量 i 来控制每次面向的方向，每次面向的方向为 $i \times 90°$，而下页图中右侧的代码，

则通过每次右转90°来达到相同的目的。

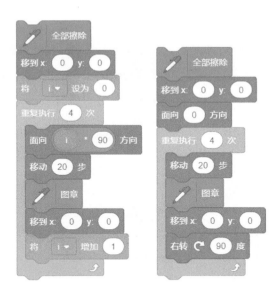

对于第二个图案，我们先让方块面向0°（即朝上），从左至右先画上面一排，然后当方块到达最右端后让它右转180°，再从右至左画下面一排，代码如左图所示。当然，使用循环可以简化代码，如下图所示。

7.2　不同的算法

第三个图案，是一个旋转对称图形，由8个方块构成。我们设计了两种算法。

第一种算法，我们可以让方块每次移动固定步数（如60步）后，用图章积木复制自己，然后再旋转360°÷8=45°。这样，重复8次后，正好转一圈。代码和执行的效果如下图所示。

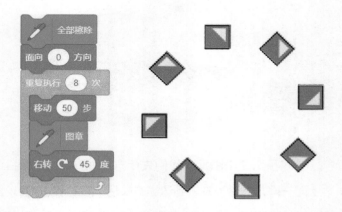

为了能进一步看清各个方块被画出的先后顺序，我们可以在每次执行图章积木后等待1秒，这时，我们可以清楚地看到方块是按A、B、C、D、E、F、G、H的顺序依次出现的。

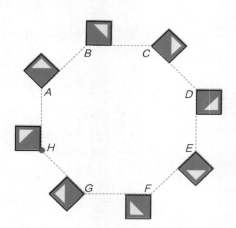

为什么是这个顺序？我们来分析一下上述代码的执行过程。一开始，角色位于图中的（0，0）点，即H点，并面向0°方向（即向上）。

第一次循环，方块向上移动50步，并用图章复制造型，画出了A点位置的方块，然后右转45°，朝向B。

第二次循环，方块沿着 AB 方向移动 50 步，用图章复制造型，此时画出了 B 点位置的方块，然后再右转 45°，朝向 BC 方向。

如此反复，依次在 A、B、C、D、E、F、G、H 处画出如图所示的方块。根据这一分析，我们知道，这个正八边形的边长为 50 步。

如果我们想画 12 个方块，那么只需要将重复次数改为 12，每次旋转的角度改为 30°即可。

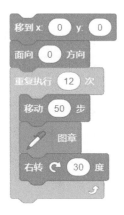

执行结果如下图所示。如果我们把对应的正方形顶点连接起来，那么，这个正十二边形的边长依然是 50 步。

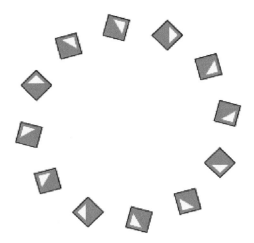

所以，用上面这种算法画出的正多边形的边长是固定的。随着方块的数量增多，对应的图案会越来越大。这个程序还存在另外一个问题，即每个顶点处方块的朝向与第三个图案中方块的朝向并不一致。

为了保证图案的大小基本保持不变，并确保方块的朝向一致，我们可以用另一种算法。

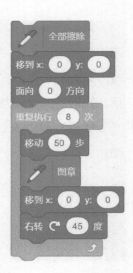

第二种算法是让方块先面向0方向，然后向上移动50步，用图章积木复制自己后，再回到中心，然后右转360°÷8=45°，再移动50步，用图章积木复制自己，再回到中心，如此重复8次，可以画出下图所示的图形。利用重复执行方法，我们可以编写出右图所示的代码。

我们来分析一下这种算法。初始时，角色位于O点，面向正上方（即OA方向）。

第一次循环，角色从O点沿着OA方向移动50步，并用图章积木画下图中A位置的方块，然后，角色移动回O点，此时仍然面向OA方向，再执行右转45°后，角色面向OB方向。

第二次循环，角色从O点沿着OB方向移动50步，并用图章积木画下图中B位置的方块，然后，角色移动回O点，此时仍然面向OB方向，再执行右转45°后，角色面向OC方向。

如此循环8次，依次在A、B、C、D、E、F、G、H处画出如下图所示的方块。与之前的算法不同，这个算法保持每个方块到圆心的距离为50步不变，而边长则会随着边数的增加而变小。

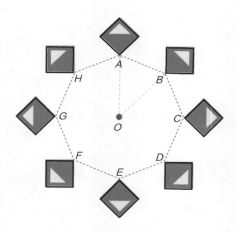

通过适当调整程序中移动的步数，我们就可以得到第三个图案。

7.3 任务的分解：画复杂图案

下面我们画一个复杂一点儿的图案，这个图案同时是轴对称、中心对称和旋转对称图形。

对于一个复杂的任务，我们常常需要将它分解为若干个更简单的任务。我们需要对任务进行识别，找出我们会做的部分，或者在任务中找出相同或相似的小任务。通过观察，我们不难发现这个图案具有重复的模式，即在东、西、南、北、中位置上各有一个相同的八瓣玫瑰图案。因此，如果我们能画出这样的八瓣玫瑰，那只要把这个工作重复5次就可以完成整个任务了。显然，我们应该定义一个自制积木，用于画这样的八瓣玫瑰。

再仔细观察一下单个的八瓣玫瑰，发现它其实是由8个正方形和8个圆形（后称小黄圆）组成，我们可以把画它拆解成画下面两个图案。将这两个图案组合起来，就得到了我们想要的八瓣玫瑰。

回顾一下我们在上一节所做的工作，我们曾画了右图这个图案。将它与上面两个图案进行比较，我们发现，除了角色的造型不同，画的方法基本相同。因此，我们完全可以利用前面一节的代码。有效复用已有的代码可以大大提高编程速度，减轻编程人员的工作量。

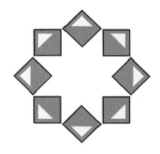

我们为角色定义两个造型，分别为正方形（见下图左）和小黄圆（见下图右）。

我们定义一个名为八瓣玫瑰的自制积木，这个积木有一个参数，即移动的步数。

第一次，我们先把造型换成正方形，按照"移动→图章→移动回圆心→旋转"的算法，可以画出指定半径（40）的八瓣正方形。

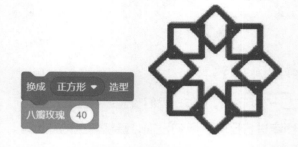

第二次，我们把造型再换成小黄圆，按照同样的算法，又可以画出半径为60的8个小黄圆。

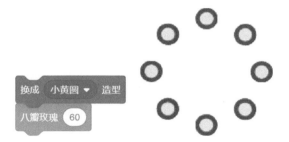

将上面的两个子任务组合一下，并且最后再在圆心处画上一个小黄圆（在最后加一个图章积木），就得到了画一朵玫瑰的代码，我们将其定义成一个名为"一朵玫瑰"的自制积木（见下图左）。调用并执行"一朵玫瑰"积木，其效果如下图（右）所示。

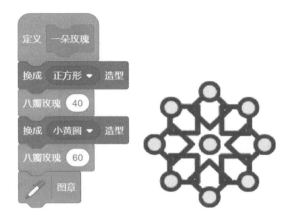

为了画出东、西、南、北4朵玫瑰，我们先将角色移动到（0，0）位置，使其面向0方向，然后使其每次移动120步，画完一朵玫瑰后，移动回圆心，再右转90°。

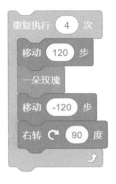

最后，我们再在圆心处画一朵玫瑰，就完成了整个任务。执行下面这段代码，就可以画出本节开头的复杂玫瑰图案。

7.4 超级模仿秀

为了更清晰地理解轴对称和中心对称的概念，我们再设计一个模仿者的实验。在这个实验中，有两个角色：被模仿者和模仿者。被模仿者在平面上随机运动，模仿者则按照轴对称或中心对称的方式模仿被模仿者的运动轨迹。

为了让效果更生动，我们为角色定义两个动作：点头和眨眼。模仿者不仅模仿被模仿者的运动轨迹，还要实时模仿被模仿者的动作。

"当小绿旗被点击"时，被模仿者会循环执行下面的动作：每次等待一定的时间后眨眼或点头。

初始时，被模仿者位于坐标（0,0）处，并设定被模仿者的画笔颜色为蓝色。

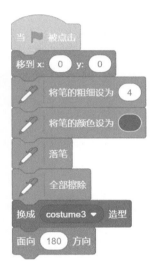

当被单击时，被模仿者随机滑动到一个位置，并在舞台上画下滑动的轨迹。如此重复10次，得到一条运动轨迹。

7.4.1 运动轨迹模拟

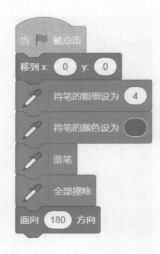

初始时，模仿者与被模仿者位于相同的原点坐标处，并设定模仿者的画笔颜色为红色。

轴对称模仿

我们可以让模仿者保持与被模仿者关于y轴或x轴对称。

为了保持关于y轴对称，模仿者的y坐标需要与被模仿者的y坐标保持一致，而x坐标则变为被模仿者x坐标的相反数（如果两个数a和b满足$a+b=0$，那么a，b互为相反数。比如30的相反数为-30，-30的相反数为30）。下图给出了相应的代码。

执行代码，效果如下图所示。

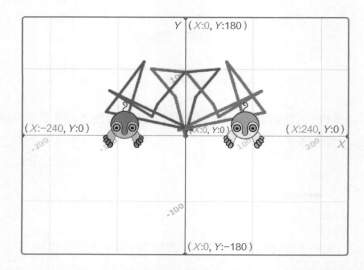

为了保持关于x轴对称，模仿者的x坐标与被模仿者的x坐标保持一致，而y坐标变为被模仿者y坐标的相反数。下页图中给出了相应的代码。

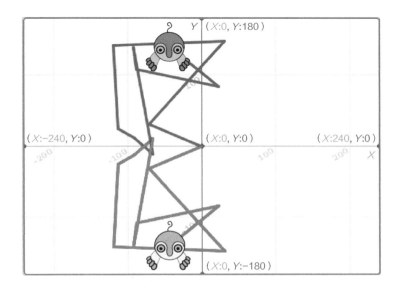

执行代码，效果如下图所示。

我们也可以让模仿者与被模仿者呈中心对称，此时，则要把模仿者的x坐标与y坐标同时变成被模仿者x坐标和y坐标的相反数。

执行代码，效果如下图所示。

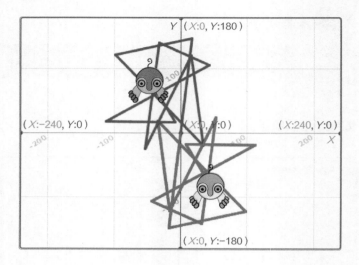

7.4.2 动作模拟

为了模仿被模仿者的动作，我们只需要让模仿者实时换成与被模仿者相对应的造型即可。

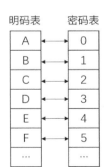

8. 加密与解密

编程知识点：

列表、字符串转自然数、迭代

数学知识点：

一一对应、同余

我们在日常生活中要传输很多信息，但有些信息不能明着传输，比如银行卡密码。如果中间有个人截获并偷看了卡号和密码，那就可以堂而皇之地把钱转走了。这个时候，我们就要对传输的信息进行加密，这样怀有恶意的人即使截获了信息，也不知道是什么意思。只有约定的接收者才知道怎么解密出原始的信息。

这一章，我们就设计两种简单的加解密程序，对输入的字符串进行加密，输出密文，然后再对密文进行解密。

8.1 列表

最简单的加密采用符号替换的方法，就是用给定的密文符号去替换明文中的符号，让截获到密文的人无法知道密文实际代表的意思。比如，明文是"我爱编程"，如果用"W"替换"我"，用"A"替换"爱"，用"B"替换"编"，用"C"替换"程"，那密文就是"WABC"，接收到密文的人大概率是猜不出原始意思的。

为了能建立类似于右面的明码与密码的对照关系，我们要使用Scratch提供的另一种变量：列表变量。其中，一个列表存放明文符号，另一个列表存放对应的密文符号。有了这样的符号对照表，我们通过明码可以找到对应的密文，通过密码也可以找到对应的明码。

与普通变量类似，我们在变量类积木区单击 建立一个列表 ，就可以新建

明码表		密码表
A	↔	0
B	↔	1
C	↔	2
D	↔	3
E	↔	4
F	↔	5
...		...

一个列表变量。与创建普通变量类似，我们也需要为列表变量提供一个变量名。

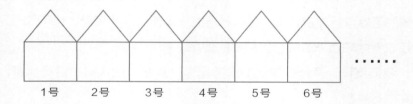

与普通变量只能存放一个元素不同的是，列表类变量可以存放许多元素。每一个元素在列表中都有一个位置编号。我们可以把列表变量想象成一排房子，每个房子可以住一个人，而且房子都有编号，第一个房子编号为1，第二个房子编号为2，依次类推。如果房子不够住了，还可以在后面继续建。

我们可以对列表进行下面的操作。

（1）将某个元素加入列表，执行该操作会把元素加入整个列表的末尾，此时列表的长度会增加1。

（2）删除列表中指定位置的元素，执行该操作会把列表所指定位置的元素删除，此时列表的长度会减少1。

（3）清空列表，执行该操作会把列表中所有的元素都删除，列表的长度会变为0。

（4）在列表的指定位置插入元素，执行该操作会将待插入的元素插入列表的指定位置之前，列表的长度会增加1。

（5）替换指定位置的元素，执行该操作会将列表中指定位置的元素替换为给定的元素，列表的长度保持不变。

除了对列表进行上面的插入、删除等操作，我们还可以访问列表的元素和属性，如下所示。

（1）访问列表中指定位置的元素。

（2）获取列表中某个元素第一次在列表中出现的位置编号，如果列表中不包括指定的元素，就返回0。

（3）获取列表的元素个数。

（4）测试列表中是否包含指定的元素。

例如，执行 删除 密码表 ▼ 的全部项目 积木后，"密码表"中就不包含任何元素，如右图（左）所示。在先后插入了"0""1""2""3""4"这5个元素后，列表的长度变为5，如右图（右）所示。此时，如果访问该列表的第4个项目，则返回"3"。

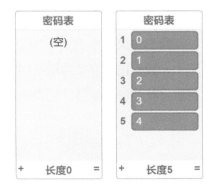

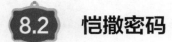 恺撒密码

历史上著名的恺撒（Caesar）密码就是基于符号替换思想的密码系统。恺撒密码在公元前1世纪的高卢战争时被使用，其生成原理是将英文字母向前移动k位，从而生成字母替代的密文。例如，当k=3时，明文和密文的字母对照表如下。

明文字母表：ABCDEFGHIJKLMNOPQRSTUVWXYZ

密文字母表：DEFGHIJKLMNOPQRSTUVWXYZABC

我们创建明码表和密码表两个列表，用于存储对应的明文字母和密文字母的对照，如下所示。

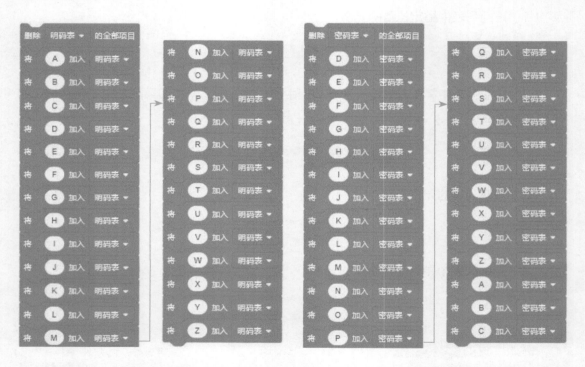

我们定义一个名为"加密"的自制积木，该积木包含一个参数"明文"。在加密的过程中，我们按顺序每次取出明文的一个字符，确定它在明码表中的位置，然后用密码表中对应位置的符号来替换它，即下面这两行代码。

在确定了明文符号对应的密文符号后，我们用字符串连接积木，把密文符号添加到"密文"字符串的末尾。"加密"积木的完整代码如下。

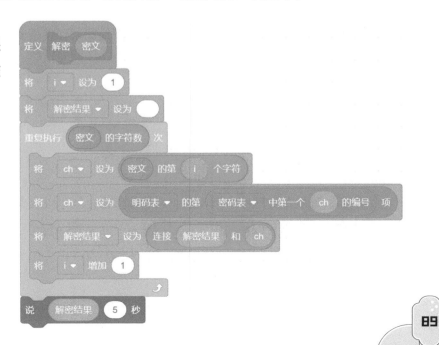

类似地，我们自定义一个"解密"积木，输入密文，输出解密结果。在这段程序中，我们的每一次循环都处理密文的一个字符，找到该字符在密码表中第一次出现的位置，并用明码表对应位置的明文符号进行替换，结果存储在"解密结果"变量中。

如果输入"HELLO"，那么加密的结果就是"KHOOR"，解密后又恢复为"HELLO"。

但上面的明码和密码对照表只能适用于k=3的情况，如果
希望对于任意的k，程序都能正确工作，该怎么办呢？显然，我
们不希望编写26个程序，每个只能适用于其中的一个k，我们
希望把k从一个常量变成一个变量。其实，我们只要调整一下密码表就可以了。

我们创建一个自制积木"创建密码表"，用于完成这个工作。

开始，密码表和明码表是一样的，都是将A~Z依次存储在列表中。

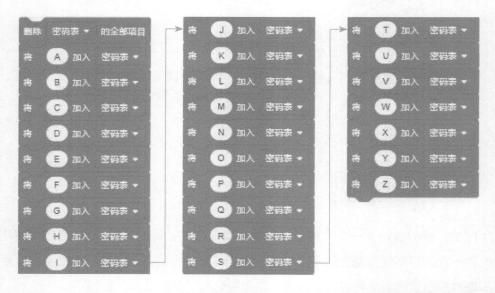

但这之后，我们循环移动k（参数偏移指定值）个符号，将开始的k个符号循环移动到
列表的末尾。每次循环，我们都把列表的第一项插入列表末尾，然后删除列表的第一项。

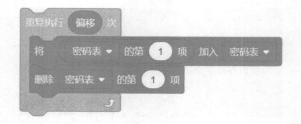

从而，我们在主程序中指定密码表的偏移量，就可以实现任意偏移的加密和解密了。

事实上，我们可以将恺撒密码看成一种环形的同余操作。假设向前移动k位，那么对
于明文字母x，加密后的密文符号为：'A'+(x−'A'+k) mod 26。

8.3 自定义密码

下面我们自行设计一种密码，把A~Z分别用0~25这26个数来替代。

8.3.1 加密

我们依次把A~Z加入明码表，把0~25加入密码表。当用户输入了一个完全由字母组成的明文后，我们使用下面的自制积木将明文加密成密文，密文存储在新创建的"密文"列表变量中。加密的过程很简单，就是逐个取出明文字符，在明码表中找到明文字符的位置，然后将它替换成密码表中对应位置的数。

然后，我们使用自制积木"输出密文"，把存放在密文列表中的密文用字符串输出。为此，我们逐个访问密文列表中的元素，把它追加到密码变量的末尾，不同的元素之间用空格隔开。

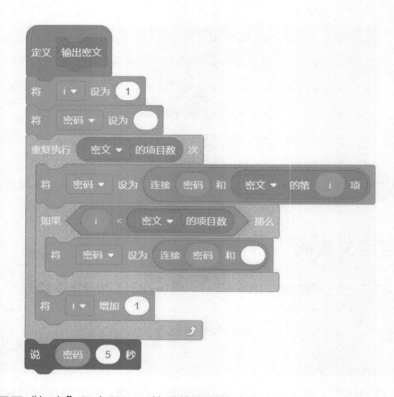

主程序调用"加密"积木即可，然后就可以输出密文。

输入字符串HELLO，小猫会输出密文"7 4 11 11 14"。

8.3.2　解密

反过来，我们也可以输入密文，让小猫解密并输出明文。比如输入密文"7 4 11 11 14"，我们要把它解密成"HELLO"。为了实现这一功能，我们首先需要用空格来分割密文中不同的数。我们可以从头开始扫描密文串，每次扫描到空格时，都表示一个数的结尾，扫描到密文结束时，也表示一个数的结尾。比如对于密文字符串"7 4 11 11 14"，依次扫描会得到7, 4, 11, 11, 14这5个数。判断一个数扫描结束的条件如下。

由于每次扫描的是一个字符，我们需要把扫描过的一串用空格分割的数字转换成十进制数。为此，我们需要用一个简单的算法来完成这件事。比如，当我们扫描14这个数时，我们首先会扫描到数字1，那就先把1记录进"数值"变量，然后再扫描到4，此时我们把"数值"变量的值更新为：数值×10+4。表示成Scratch的语句如下。

得到了数值后，我们直接到明码表对应的位置（由于数值是从0开始的，因此对应的位置是数值+1）取出对应的明码字符，并用字符串操作把刚取到的明文字符连接在解密结果后面。完整的解密代码如下页所示。

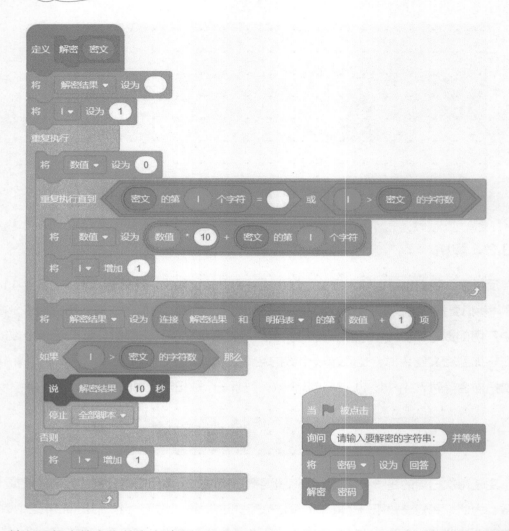

输入要解密的密文数字串（以空格分割），比如"7 4 11 11 14"，小猫就能正确解码出明文"HELLO"。

数学小知识： ——映射

在这种基于符号替换的密码系统中，为了能正确地解码出密文，我们要求不同的明文符号要被替换为不同的密码符号。在数学中，这对应了单射的概念，特别是一一映射。

所谓一一映射，就是一对一建立对应关系，不能多对一，也不能一对多。比如，班级里有26个学生，每个人都有一个学号。学生和学号之间就是一对一的关系，不存在一个学生有两个学号的情况，也不存在多个学生的学号相同的情况。但学生和姓名之间就不一定是一对一的关系，因为有可能有两个学生有相同的姓名（虽然概率很小），此时，如果老师报了某一个重名的姓名（比如下图右中的李四），那还是不知道叫的是同学B还是同学C。

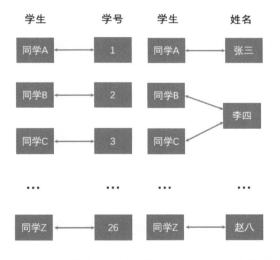

为了建立两个有限大小的集合之间的一一映射，我们要求两个集合的物体数量一样多。比如前面的学生和学号数量要一样多才能建立一一对应关系，同样的道理，在一个舞会里，如果要求一个男生和一个女生搭配跳一支舞，那为了让所有人都能跳舞，男生人数和女生人数必须一样多才行。

但如果集合不是有限大小呢？比如所有大于0的奇数集合和所有大于0的偶数集合，能不能建立一对一的关系呢？下面就是一种可能的对应关系。

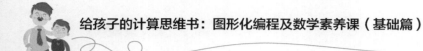
$$
\begin{array}{ccccc}
1 & 3 & 5 & \cdots & 2n-1 \\
\updownarrow & \updownarrow & \updownarrow & & \updownarrow \\
2 & 4 & 6 & \cdots & n
\end{array}
$$

不仅如此，无限集合还有更为神奇的性质：奇数集合（或偶数集合）和正整数集合也可以建立一一对应关系！下图（左）在大于0的奇数和大于0的整数之间建立了一一对应关系；而下图（右）则在大于0的偶数和大于0的整数之间建立了一一对应关系。

$$
\begin{array}{ccccc}
1 & 3 & 5 & \cdots & 2n-1 \\
\updownarrow & \updownarrow & \updownarrow & & \updownarrow \\
1 & 2 & 3 & \cdots & n
\end{array}
\qquad
\begin{array}{ccccc}
2 & 4 & 6 & \cdots & 2n \\
\updownarrow & \updownarrow & \updownarrow & & \updownarrow \\
1 & 2 & 3 & \cdots & n
\end{array}
$$

8.4　增加破译难度

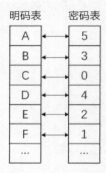

当然，我们也可以通过改变明码表和密码表的对应关系来增加破解的难度，比如增加明码和密码对应表之间的随机性，如右图所示。

此时，需要把下面这条解密代码中的语句进行替换。

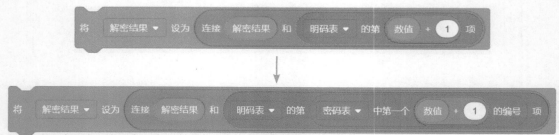

即便如此，在这种明密文对照的加密系统中，相同的明文总是被加密成相同的密文。如果一个相同的密文反复出现，那就容易引起破译者的注意。有一种破译方式被称为词频攻击，其基本思想是不同的单词或字母在英文文本中出现的频率是不一样的，如a，i，e，is等，假如字母或单词出现频率比较高，我们通过对密文中出现次数的码进行猜测，就有可能破译这样的密码系统。

如果要增加破译者的难度，那可以在密码对照表的基础上再增加额外的密文生成规则，比如，将前后两个明码对应的密码相加，得到对应的密文（**注：第一个明码前面没有数字，就假设前面是 0**）。这样，如果还是要加密"HELLO"，由于"HELLO"对应的密码是"7 4 11 11 14"，我们得到的密文为"7 11 15 22 25"。此时，两个明文字母"L"对应的密码数字就不一样了。修改后的加密明文代码如下图所示。在这段代码中，我们首先将每个明文字符用对应位置的密码表中的数字替换，将结果存储在"密文"列表中。然后，我们遍历密文列表，把当前项的值（变量"临时值"）与前一个值（变量"前驱密码"）相加后的结果替换当前项，从而生成最后的密文。注意：对于第一项，我们设它的前一项为 0。在这里，我们使用了编程中的一项重要技巧——迭代。初始时，我们把变量"前驱密码"设为 0，每一次循环后，我们都把"前驱密码"变量更新为当前项的值，作为下一次循环的"前驱密码"。

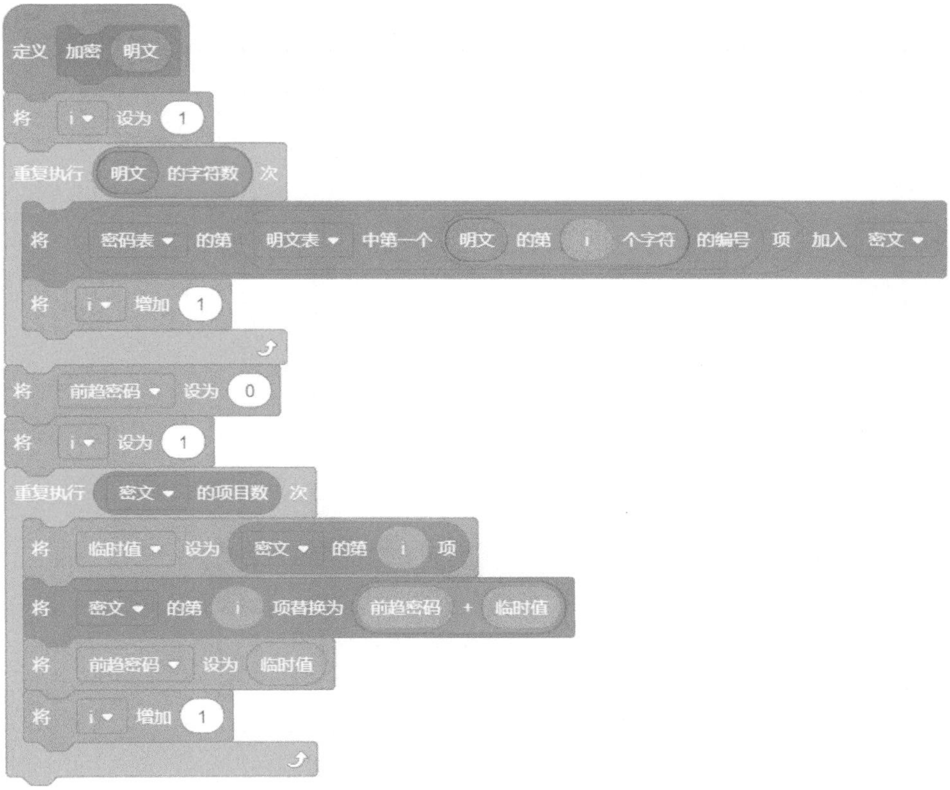

解密也并不复杂，只要把后面的数减去前面的数，就可以得到对应的密码，表示为"7 4 11 11 14"，进而再查明码表得到"HELLO"。我们定义一个自制积木"解密中间结果"，用于对给定的密文解密，生成的明码通过密码对照表生成的密码序列，然后我们再

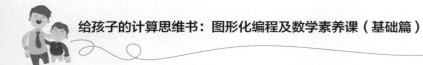

用自制积木"解密"，将这个密码序列通过对照表的方式解密成明文。

自制积木"解密中间结果"的代码如下，其中应用了我们之前介绍的把一串数字转化成一个十进制数的算法和迭代的方法。

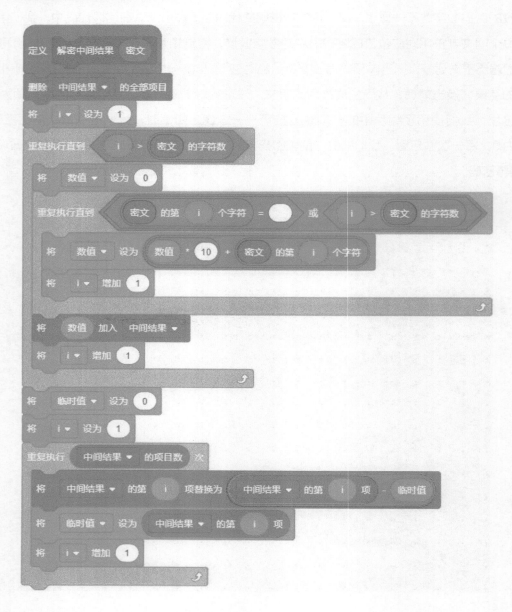

自制积木"解密"的代码如下。

解密程序的主程序简单地接收输入的密码，调用自制积木"解密"即可。

执行程序，输入密文"7 11 15 22 15"，小猫会输出解密结果"HELLO"。
还在犹豫什么，赶紧编一段程序来和你的朋友用密码交流吧！

9. 十进制与N进制

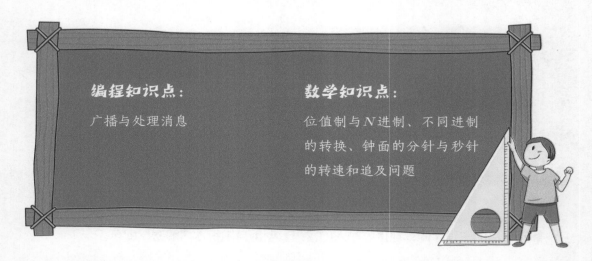

编程知识点：

广播与处理消息

数学知识点：

位值制与N进制、不同进制的转换、钟面的分针与秒针的转速和追及问题

相传，中国古代南方有个大地主，平时靠欺诈百姓为生，搜刮了许多钱财，可他是个不识字的人。他想，这么多的钱财总得有个有学问的人来继承才好，就把全部的希望都寄托在了儿子身上。于是，他从当地请了一位十分有名的老师来教儿子识字。

第一天，老师教地主的儿子写字，写上一画时，老师告诉他是"一"字；写上二画时，告诉他这是"二"字；三画就是"三"字。地主的儿子听了，扔下笔高兴得跳起来，说："识字很简单，何必要请老师呢！"地主听从了儿子的话，当天就把老师辞退了，还夸自己的儿子，说他真聪明，这么快就会识字了。

隔了几天，地主要请一位姓万的朋友来家吃饭，叫儿子写张请柬。地主的儿子一大早就来到书房动笔写了，大半天过去了，还是没有写成。地主着急得很，接连去催他。

儿子很不耐烦地嚷着说："姓啥不好，偏偏要姓万。我从早上到现在，才写了五百多画哩！"

很多人读完这个故事都觉得好笑，其实这则故事背后隐藏着一个深刻的问题——我们怎么来记数？

9.1 位值制记数与十进制

上面这个小故事里，地主的儿子用的记数方法其实是被我们称为加法记数的记数方法。比如，用1根小木棍表示1，为了记数100，就需要用100根小木棍。

我们先看一个小问题。据说历史上南美洲有个国家Bakairi，他们用自己的加法记数系统来表示数。

1 = tokale

2 = azage

3 = azage tokale

4 = azage azage

5 = azage azage tokale

6 = azage azage azage

请问：azage azage azage azage tokale，表示哪个数？

很容易看出，在这个记数方法里，tokale表示1，azage表示2，因此azage azage azage azage tokale表示9。

而为了表示240这个数，要用整整120个单词！

azage azage azage azage azage azage azage azage azage azage
azage azage azage azage azage azage azage azage azage azage
azage azage azage azage azage azage azage azage azage azage
azage azage azage azage azage azage azage azage azage azage
azage azage azage azage azage azage azage azage azage azage
azage azage azage azage azage azage azage azage azage azage
azage azage azage azage azage azage azage azage azage azage
azage azage azage azage azage azage azage azage azage azage
azage azage azage azage azage azage azage azage azage azage
azage azage azage azage azage azage azage azage azage azage
azage azage azage azage azage azage azage azage azage azage
azage azage azage azage azage azage azage azage azage azage

上面这种记数系统显然不太实用，现在世界各国和各地区都广泛采用了十进位值制记数系统，该记数系统使用了10个符号进行记数，即1、2、3、…、9、0，这些符号被我们称作阿拉伯数字。所谓位值制，就是同样的符号，摆在不同的位置上表示的数值是不同的。比如2放在个位上表示2个1，而放在十位上就表示2个10。

采用位值制表示的记数系统，涉及以下3个重要概念。

数码：用不同的数字符号来表示一种数制的数值，这些数字符号被称为"数码"。N 进制需要 N 个数码，例如十进制需要0~9十个数码，二进制则只需要0、1两个数码。

基：数制所使用的数码个数被称为"基"。例如，十进制的基为10，二进制的基为2。

权：某个数制每一位所具有的值被称为"权"。例如，十进制数243中（见下图），2 表示2个100（10^2），4表示4个10（10^1），3表示3个1；二进制数1101中，从左至右 的3个1分别代表1个2^3，1个2^2和1个2^0。

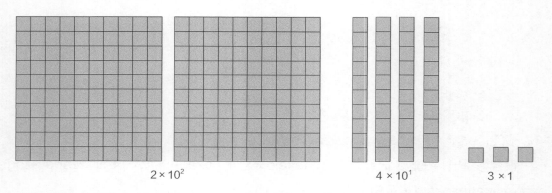

2×10^2　　　　　　4×10^1　　　3×1

通俗地讲，几进制就是逢几进一。同一个数在不同的进位制记数系统里有不同的表 示。除了十进制，现代常用的记数系统还有二进制、八进制、十六进制。古巴比伦人则采 用六十进制。

其实，十进制在中国由来已久。我国古代基于十进位制的算筹记数法，在世界数学 史上可谓是一项伟大的发明。据记载，古代的算筹实际上是一根根同样长短和粗细的小棍 子，大多用竹子制成，也有的用木头、兽骨、象牙等材料制作而成。需要记数和计算的时 候，就把它们取出来放在桌上或地上摆弄。

采用算筹记数时，人们以纵、横两种排列方式来表示数字，如下图所示。

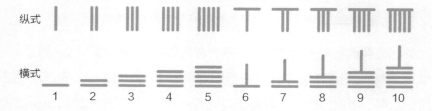

表示多位数时，用纵式表示个位、百位、万位等，用横式表示十位、千位、十万位 等，需要表示零时则置空。下页图分别给出了6728和6708两个数的算筹表示。

$$\perp \top = \overline{\overline{\overline{}}} \qquad 6728$$
$$\perp \top \quad \overline{\overline{\overline{}}} \qquad 6708$$

与世界上其他古老民族的记数法相比，中国古代的十进制算筹记数法具有位值制思想，其优越性是显而易见的。古罗马的记数系统没有位值制，因此表示大一点的数目相当烦琐。古巴比伦人用的是六十进制，足足有 60 个数码，难以记忆。可以说，中国古代数学的繁荣与持续发展与算筹这一伟大的发明是紧密相关的。

9.2　非十进制记数

除了十进制记数，我们的日常生活中还不知不觉地使用着多种其他进制的记数系统。

我们现在每天都在使用的计算机系统采用的是二进制记数。相比于十进制的加法和乘法，二进制的加法与乘法要简单得多。十进制的加法和乘法涉及十个数码的加、乘操作，因此，我们在小学低年级的时候需要花不少时间去背九九乘法表。而二进制只涉及 0 和 1 这两个数码的加、乘操作，它们的加法表和乘法表非常简单。

具体地，二进制数码 A+B 的加法规则如下表所示。

A	B	结果	进位
0	0	0	0
0	1	1	0
1	0	1	0
1	1	0	1

二进制数码 A×B 的乘法规则如下表所示。

A	B	结果
0	0	0
0	1	0
1	0	0
1	1	1

除了二进制，我们的时间系统涉及多种进制的记数。例如，60 秒为 1 分钟，60 分钟为 1 小时，用的是六十进制；24 小时为 1 天，则是二十四进制；而 7 天为 1 个星期，则是七进制。

有个成语叫"半斤八两"，指的是两者差不多，谁也别笑话谁。半斤为什么和八两差不多？这是因为在古代1斤为16两，半斤就是8两。此外，一打为12个，这里的"一打"就源于十二进制记数。

 ## 十进制计数器初步尝试

在这一节，我们编写一个四位的十进制计数器，每次单击个位时，就让整个数加1。

首先，我们在背景编辑器编辑一个四位数的背景，由4个方框构成。

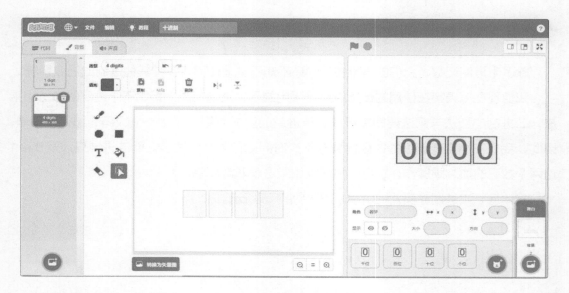

然后，我们分别创建4个角色：个位、十位、百位、千位。对于每个角色，我们都设计10个不同的造型，分别对应了数码1、2、3、4、5、6、7、8、9、0，它们的造型编号分别是1、2、3、4、5、6、7、8、9、10。注意，最后一个数码0的造型编号为10。

我们先看个位角色，初始时设置为0造型。

每次单击个位角色时，就将整个数增加1。所以，我们为个位角色增加一个角色被单击的事件处理代码，每次角色被单击时这段代码把角色换成下一个造型。

执行这段代码，然后不断单击个位，我们可以看到个位数会从0变化到9，然后又变为0。但是，十位数字一直是0，并没有产生我们预期的进位！

因此，我们需要能够在个位到达10以后，通知十位，让它增加1。这就需要用到Scratch提供的广播消息功能。

 事件、消息与处理消息

整个Scratch程序的执行可以看成是由事件驱动的，即发生了什么事件，就执行处理该事件的代码。这与我们的日常生活比较类似。比如，早上闹钟响了，我们就要起床；读书的时候电话铃响了，我们就要去接电话，接电话的时候如果有人敲门，我们还得去开门。

Scratch中的事件主要分为3类：人机交互类事件、消息类事件、侦测类事件。

人机交互类事件由用户敲击键盘或单击鼠标等事件触发，比如单击小绿旗、按下某个键、单击角色。

侦测类事件是当侦测类积木中的定时器或响度超过某个值时被触发，比如当周围的声音响度超过某个值时，就会触发相应的事件。

消息类事件则是本节要介绍的事件。角色可以向其他角色广播消息，其他角色接收到消息后可以选择处理或不处理该消息。这就好比你在操场上用高音喇叭大喊一声："1班的同学集合啦！"操场上所有的同学都会接收到这则消息，但只有1班的同学会响应这条消息，其他班的同学会忽略这条消息。

1班的同学集合啦！

嗯，我是1班的，
去集合！　　　嗯，我不是1班的，
不管它！　　　嗯，我不是1班的，
不管它！　　　嗯，我是1班的，
去集合！

在Scratch的事件类积木中，有3个积木是用于在不同的角色之间广播和处理消息的。当需要通知另一个角色进行响应时，就可以使用广播消息和处理消息。利用消息，可以避免重复循环检测。比如，在5.3节的电灯实验中，我们采用无限循环方式让灯泡角色不停地检测开关的状态变化，这会浪费大量的计算机资源。如果引入广播消息，那么我们可以在开关状态发生变化时广播一则消息，让小灯泡角色在接收到这条消息后才进行响应。

当我们把广播消息拖进代码区，打开下拉菜单，就可以创建一条新消息，此时系统会弹出对话框让我们输入新消息的名称。

新消息

新消息的名称：

取消　　确定

我们定义一个新消息"加10"。每当个位角色的造型编号变为10的时候，就广播"加10"消息。

所有的角色都会接收到广播的消息，但并非所有的角色都需要处理接收到的消息。角色可以完全忽略自己不感兴趣的消息，而仅仅处理自己感兴趣的消息。在这个例子里，只有十位角色需要处理"加10"的消息，而个位、百位和千位这3个角色则可以忽略这一消息。

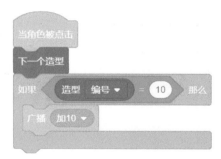

个位角色的代码

当十位角色接收到"加10"消息时，需要让十位增加1，即换成下一个造型。但是，如果十位加1后也产生进位了，那还需要通知百位有进位产生。我们通过广播一条"加100"的消息来通知百位这一事实。下图所示是十位角色的代码。

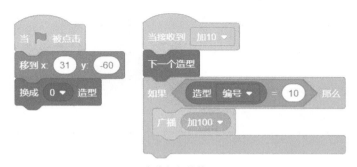

十位角色的代码

类似地，当百位接收到"加100"的消息后，需要切换为下一个造型，同时，如果百位的角色编号变为10（即产生进位），那需要广播"加1000"消息来通知千位角色产生进位的事实。

百位和千位的代码如下。

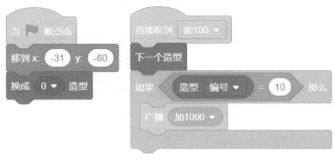

百位角色的代码

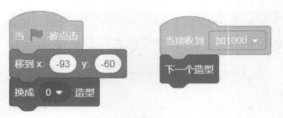

千位角色的代码

完成上述代码后，运行程序，不停地单击个位角色，我们的十进制计数器就可以正常工作啦。注意，当这个数到达 9999 后，再单击一次个位角色，它会归零，即变成 0000。

0 1 2 5

9.5 非十进制的计数器

有了十进制的计数器，我们可以很方便地将其改造成一个非十进制的计数器。下面，我们用类比的方法把它改造成一个七进制计数器。

使用七进制记数，我们只需要 7 个数码。因此，我们首先把个位、十位、百位和千位造型中的 7、8、9 去掉，从而每个角色对应了 7 个造型，即数码 1、2、3、4、5、6、0，分别对应造型编号 1、2、3、4、5、6、7。

由于七进制是逢七进一，因此，我们需要分别把个位、十位、百位角色中判断是否产生进位的条件由"造型编号 = 10"改为"造型编号 = 7"。（注意：这里我们依然使用"加10"的广播消息名，这里，我们应该把这个 10 理解为七进制里的 10。）

最后，为了能够显示当前七进制数对应的十进制数，我们增加一个变量"十进制数"，用于表示七进制计数器里的值对应的十进制数，每次单击个位角色时，将该变量增加 1。最后，个位角色完整的代码如下页所示（十位、百位和千位代码略）。

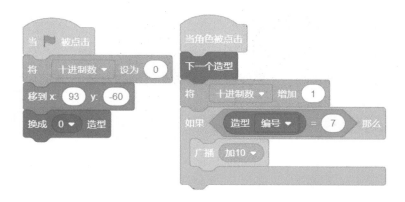

执行该程序，不停单击个位角色，效果如下。

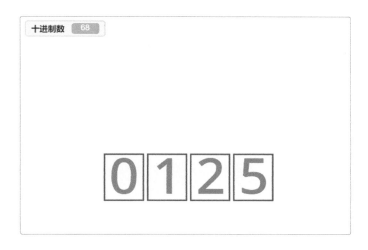

注意，这里七进制数$125_{(7)}$等于十进制数68。不同进制的转换见本章后面的"数学小知识：不同进制的转换"。

思考题

　　有了上面的基础，我们不妨练一练，将上面的程序改为二进制计数器。

9.6 时钟——六十进制

我们日常生活中的时钟是六十进制的，下面我们通过编程来实现一个电子钟和一个表盘钟，并让两者时间同步。

我们先编辑如下背景。

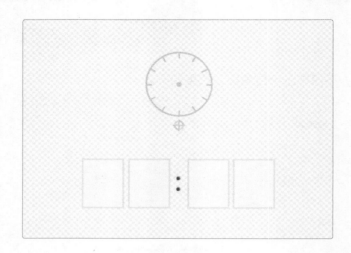

9.6.1 电子钟

我们先从电子钟开始。在上图显示的电子钟里有3个角色：1秒、10秒、1分。

对于1秒角色，我们不停地循环，每次等待1秒后换成下一个造型，同时，广播"滴答"消息，该消息将由表盘针的秒针接收，然后执行转动1秒的动作。如果满10秒，则广播加10秒的消息，代码如右图所示。

对于10秒角色，每次接收到"加10秒"消息后，换成下一个造型（注意：1秒的造型有10个，但10秒角色的造型只有1、2、3、4、5、0这6个）如下页图（左）所示。当10秒的角色造型编号等于6时，表明已经满1分钟，此时广播"加1分"消息，代码如下页图（右）所示。

对于1分角色：当接收到"加1分"消息时，换成下一个造型即可。由于我们没有设定10分的角色，因此满10分后又会回到0:00开始计时，代码如右图所示。

9.6.2 表盘钟

表盘钟包括秒针与分针两个角色，两者的造型分别如下图所示。

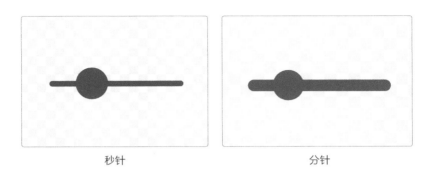

| 秒针 | 分针 |

表盘钟的秒针接收并处理来自电子钟1秒角色广播的"滴答"消息。每1秒，电子钟的1秒角色都会广播一条"滴答"消息，此时表盘钟的秒针需要顺时针转动1秒。我们知道，秒针60秒转一圈，因此每秒针顺时针转动 $360° \div 60 = 6°$。为了呈现动画效果，我们

让秒针每次转2°，每秒转3次，然后通过移动留下痕迹。留下痕迹的方法是沿着原方向先向前移动若干步，再向后移动同样的步数。最后，如果到达0秒，即方向指向0°，则擦掉所有痕迹。具体地，秒针的代码如下。

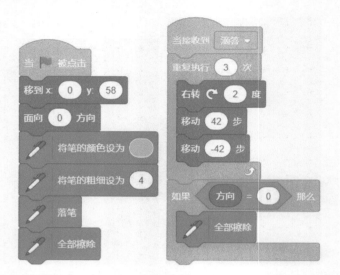

　　表盘钟的分针角色接收并处理来自电子钟10秒角色广播的"加1分"消息。每次接收到"加1分"消息时，分针需要右转6°。分针角色的代码如右图所示。

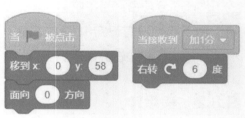

　　执行程序，运行结果如下。

数学小知识: 不同进制的转换

同样一个自然数，在不同的进制里有不同的转换方法。这里，我们介绍一下不同进制表示的数之间的转换方法。

对于一个非十进制的数，将其转换成十进制数比较简单，只需要按照位值制的定义，计算出结果就行。例如，对于七进制的 $125_{(7)}$，1 所在的位表示的是 7^2，2 所在的位表示 7，5 所在的位表示 1（$7^0=1$），因此，$125_{(7)}$ 对应的十进制数值就是 $1\times7^2+2\times7+5=68$。二进制的数转换成十进制数也可以使用类似的方法，如 $1011011_{(2)}=1\times2^6+1\times2^4+1\times2^3+1\times2+1=91$。

反过来，如果要将一个十进制数转换成非十进制的数，那要稍微复杂些。比如，怎样才能把十进制数 68 表示成七进制的数？我们知道，$68=1\times7^2+2\times7+5$，因此 68 表示成七进制的数为 $125_{(7)}$。为了得出一般化的方法，我们可以对上面的式子 $68=1\times7^2+2\times7+5$ 做如下处理。

首先，我们把 68 除以 7，得到商 $1\times7+2$，余数为 5。

然后，我们再把 $1\times7+2$ 除以 7，得到商 1，余数为 2。

最后，我们把 1 除以 7，得到商 0，余数为 1。

当商为 0 时，我们停止上述操作，并把余数按照从后往前的顺序写出，就得到了对应的七进制数 $125_{(7)}$。

类似地，要将十进制数 91 转换为二进制数，我们可以反复地除以 2，直到商为 0 为止，如下图所示。最后，将余数逆序写出，就得到了对应的二进制数 $1011011_{(2)}$。

```
2 |  9   1
  2 |  4   5      ……1
    2 |  2   2      ……1
      2 |  1   1      ……0
        2 |  5      ……1        ↑
          2 |  2      ……1
            2 |  1      ……0
                0      ……1
```

这里，再多介绍一下十六进制数。我们知道，计算机内部采用二进制表示自然数，但一个自然数表示成二进制数时，通常用的位数会比较多。比如上面的91，表示成十进制数只有两位，但表示成二进制数就有七位。为了方便人们阅读，在程序里通常还会使用另一种表示方法，即十六进制。既然是十六进制，就需要16个数码，而0~9只有10个数码，因此，我们又引入A、B、C、D、E、F这6个字母分别表示另外6个数码，即第11、12、13、14、15、16个数码。比如，9B3C就是个合规的十六进制数。

　　由于16=2^4，因此，我们可以很方便地在二进制数与十六进制数之间进行转换。给定一个十六进制数，我们仅需要把每一位十六进制数码展开成四位的二进制数码即可得到对应的二进制数表示，例如，9B3C=1001 1011 0011 1100。

　　反过来，要把一个二进制数转换成十六进制数，我们也只需要从右往左将二进制数按四位一组分组。我们知道，四位二进制数所代表的数值在0~15之间，可以将其转换成对应的十六进制数码，这样，即可得到对应的十六进制数。例如，1011011=5B。

　　其实，除了十六进制数，人们编程时偶尔也会使用八进制数，其与二进制数的转换规则可以类比十六进制数与二进制数的转换规则，只要将四位一组改为三位一组分组即可。

思考题

请问十六进制数2A04对应的十进制数是什么？

数学小知识：*时钟的运动*

在9.6节，我们通过编程实现了表盘的钟面。在一个表盘钟里，秒针、分针与时针的相对运动可以建模成行程问题中圆周上的追及问题。在一般的追及问题里，我们考虑的是运动的距离，而在时钟的追及问题里，我们需要考虑转动的角度。

如果仅仅考虑秒针与分针的运动，那么秒针1秒转过了6°，分针每秒转1/60'，由于分针每分钟转6°，1/60'就转了0.1°。如果考虑分针与时针的运动，那么分针走1'就相当于走过了6°，时针走60'相当于走了30°，所以时针每分钟走30°÷60=0.5°。

基于上面的分析，我们可以很方便地解决下面的问题。

12:00时分针与时针重合，请问下一次分针与时针重合的时刻是什么时候？

我们知道，分针下一次与时针重合，表示分针比时针多走了一圈（即360°），由于分针每分钟走6°，时钟每分钟走0.5°，因此分针每分钟比时针多走5.5°。因此，需要$65\frac{5}{11}$分钟（$360÷5.5=\frac{720}{11}=65\frac{5}{11}$）。也就是说，在13时$5\frac{5}{11}$分时，分针与时针再一次重合。

根据这个思路，我们可以求解下面的问题。

问题一：15:00时，时针与分针呈90°夹角，请问下一次时针与分针呈90°夹角是什么时间？

问题二：从00:00开始（0时不算），到12:00（12时算），时针与分针重合了多少次？

思考题

请问16:00—17:00，时针与分针成90°是什么时候？

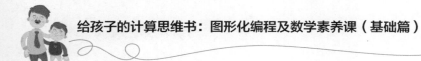

10. 小猫小猫齐步走：角色克隆

编程知识点：

克隆体、全局变量与局部变量、按键事件及处理

在方阵中，所有人都要整齐划一地朝一个方向行进。在这一章里，我们就通过编程来实现一个小小的方阵：让若干只小猫听其中一只猫的命令，一起齐步走。

10.1 克隆体

我们可以通过创建多个角色来实现这个目标。但是，这样做会比较麻烦。比如，我希望有100只小猫，难道要创建100个角色？

Scratch提供了一种功能，叫克隆。在生物学中，克隆也可以被理解为复制，就是依照原型，产生出同样的复制品，它的外表及遗传基因与原型完全相同，但大多行为、思想不同。类似地，让Scratch的小猫角色执行"克隆自己"积木，就会生成一只同样的小猫。被克隆出来的那一刻，这只小猫与被克隆体完全一样。但克隆体诞生以后，它就可以有自己的行为。具体代码如下。

当角色被克隆时，系统会执行下面的"当作为克隆体启动时"所定义的代码。

我们希望每个克隆体要有自己的编号，为此，我们为小猫定义一个变量：我的编号。新建变量时，我们与之前一样选择"适用于所有角色"。

初始时，将"我的编号"设为1，然后克隆自己3次，每次克隆结束后将"我的编号"增加1。注意，克隆完成时，包括自己在内，一共有4只小猫。当克隆体被克隆出来后，系统会执行"当作为克隆体启动时"所定义的代码。我们将克隆体移动到一个随机的位置，并让其不停地报出自己的编号。具体代码如下。

当执行程序时，我们发现第一次3只小猫分别报出了1、2、3这3个编号，但随后3只小猫报出的编号都是4。这与我们期望的结果不一样！

另一种尝试是，我们先新建一个变量"当前编号"，选择"适用于所有角色"。

然后，我们同样新建一个变量"我的编号"，试图记录每个克隆体自己的编号，也选择"适用于所有角色"。

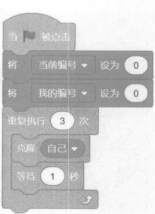

"当作为克隆体启动时"的代码执行逻辑如下：我们每次把当前编号增加 1，并赋值给

"我的编号"，以期望每个克隆体都有自己不同的编号。然后，我们让克隆体移动到随机的位置，克隆体重复多次报自己的编号。

```
当作为克隆体启动时
将 当前编号 ▾ 增加 1
将 我的编号 ▾ 设为 当前编号
移到 x: 在 -150 和 150 之间取随机数   y: 在 -150 和 150 之间取随机数
重复执行 10 次
    说 我的编号 10 秒
    等待 2 秒
```

运行结果是：第一次每只克隆体小猫报的编号分别为1、2、3，但从第二次循环开始，这3只小猫报的编号都是3。这还是不符合我们的期望。

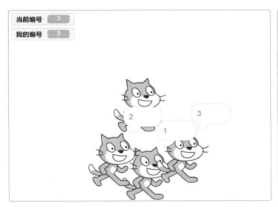 

10.2 局部变量与全局变量

为什么上面的程序无法达成期望？原因就在于所定义的变量"我的编号"被设定为了"适用于所有角色"。这样的变量，我们称为"全局变量"。在整个程序中，全局变量只存一份，因此，每次修改和访问，都是访问的同一个变量。

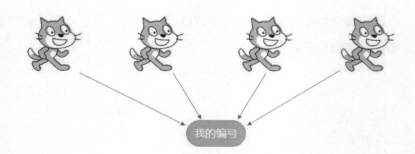

以第一种尝试为例，第一次克隆前，"我的编号"为1，执行克隆自己后，第一只被克隆出来的猫首次访问"我的编号"变量，会说出1（注意：我们在克隆自己后特意等待1秒后再将"我的编号"加1）；第二次克隆前，"我的编号"为2，第二只克隆猫首次访问"我的编号"变量，会说出2；第三只克隆猫首次访问"我的编号"变量，会说出3。之后，主程序将"我的编号"再次加1后退出循环，此时"我的编号"变量的值为4，因此，再往后无论是哪只克隆猫访问"我的编号"，都只会说出4。

另外，我们还注意到，第一只小猫（也就是非克隆体的猫）并没有报数。这是因为，它不会执行"当作为克隆体启动时"的代码，只有克隆体才会执行"当作为克隆体启动时"中的代码。

那怎么才能让克隆猫都有自己的编号呢？Scratch提供了局部变量的概念，也就是在创建变量时，我们可以将变量设定为"仅适用于当前角色"。

我们在程序里删除"我的编号"变量，并重建该变量。但是，这一次我们将其设定为"仅适用于当前角色"。

新建变量	✖

新变量名：

我的编号

○ 适用于所有角色　● 仅适用于当前角色

取消　　确定

由于每次克隆出来的猫和原来的猫一模一样，所以克隆猫的"我的编号"就和被克隆猫的"我的编号"取值一样。但是，由于"我的编号"变量被设为仅适用于当前角色，因此每个角色都会有一份不同的变量拷贝。当一只克隆猫访问"我的编号"变量时，它访问的是自己的那份拷贝，而不是其他猫的"我的编号"变量。

在第一种方法中，3只克隆猫的"我的编号"分别为1、2、3，执行结束后初始的那只猫的"我的编号"是4。而在第二种方法中，3只克隆猫的编号分别为1、2、3，初始那只猫的编号不会变，一直为0。

保持其他的代码不变，再次执行程序，我们发现，无论是哪一次循环，每只小猫都能正确地报出自己的编号。

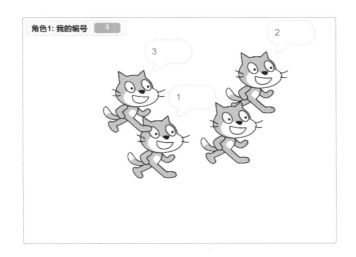

10.3 齐步走

下面，我们希望小猫们排成一个方阵。我们设定两行两列的小猫方阵。其中，中间一只小猫来发号施令，另外4只小猫接收到命令后，就向右走三步。

首先，我们用第一种方法克隆出4只小猫。

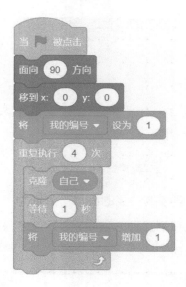

为了将4只克隆猫排成2×2的正方形方阵，我们为每只猫定义了两个局部变量"我的列"和"我的行"，分别用于存储小猫所在的列和行。我们基于小猫的编号计算每只小猫应该位于的行和列。

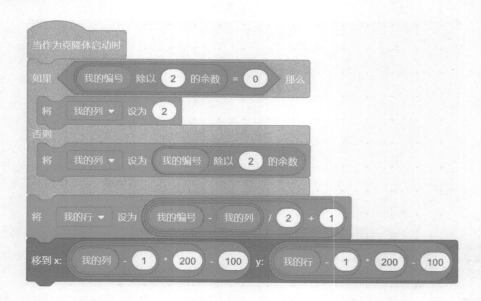

我们为小猫增加一个事件 ，每次按下向右键时，广播一条"向右走三步"的消息。

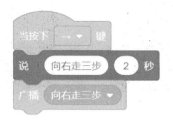

但在执行代码时，我们会发现，5只小猫都发号施令了。也就是说，5只小猫都可以接收并响应按键事件。但其实我们只希望位于中央的那只小猫发号施令，怎么办呢？这时，我们可以通过小猫的"我的编号"来进行判断，只有"我的编号"等于5的小猫需要响应该事件，从而进行发号施令，而其他小猫接收到按键事件时，则直接忽略。

我们把代码改为如右图所示。

这样，就只有中间的小猫能发号施令了。

我们再定义小猫接收到"向右走三步"消息时的处理代码（见下图左），我们同样发现，5只小猫都会接收到这个消息，并向右走。如果我们不希望发号施令的小猫向右走，那么可以把代码修改为下图（右）所示的代码。

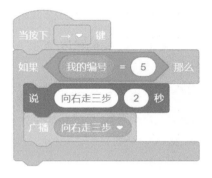

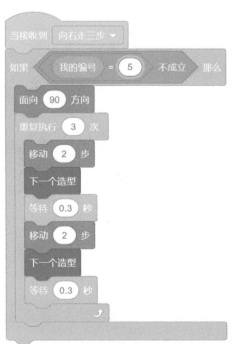

执行相应的代码，效果如下图所示。

类似地，我们可以增加向左走、向上走、向下走的代码，使得小猫可以按我们的要求向各个方向行走。

但为每个方向都添加一大段代码有点复杂，我们能不能把它统一起来呢？我们发现，向左、向右、向上和向下走的代码除了面向的方向不同，其余部分都是相同的。为此，我们可以将齐步走的行为抽象成一个自制积木。这个积木有两个参数，一个是方向，另一个是步数。我们将上、右、下、左方向分别设为0、1、2、3。从而，在代码中，只需要让小猫面向0~3代表的方向 方向 ＊ 90 走即可。

具体地，齐步走积木的定义如下。

有了这个自制积木，我们就可以在向上走、向下走、向左走、向右走的代码里复用这个积木，相应的代码如下。

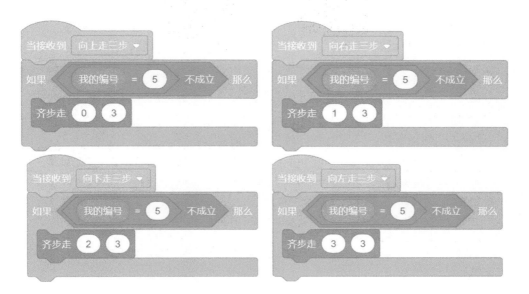

11. 化曲为直画圆法

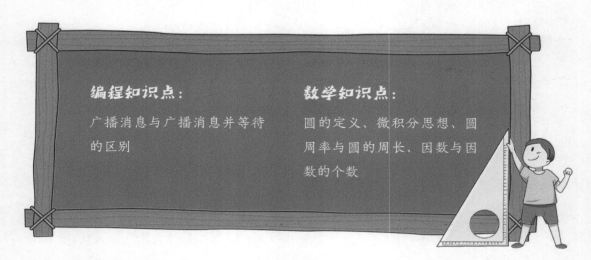

编程知识点：

广播消息与广播消息并等待的区别

数学知识点：

圆的定义、微积分思想、圆周率与圆的周长、因数与因数的个数

在平面国中，有一类特殊的居民，它们的形状是圆形。说是圆形，实际上是边数比较多的正多边形，比如正三百边形。当正多边形的边数逐渐变多时，他们看上去就越来越接近于圆形了。在这一章，我们要通过编程来实现一个任务：给这些特殊的居民。

11.1 化曲为直

Scratch 没有提供直接用于画圆的方法，但我们可以通过画多边形来逼近圆，这也是中国古代数学家刘徽"割之弥细，所失弥少"的思想。例如，下图（左）为圆的内接正六边形，下图（右）则为圆的内接正十二边形。可以看到，正十二边形已经比较接近圆了。

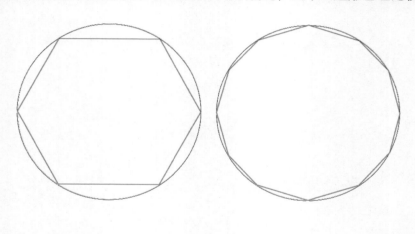

如果我们再分割出正二十四、正四十八乃至正九十六边形，随着边数的增多，那肉眼也将慢慢难以分辨所画的图形到底是正多边形还是圆，从而就能画出圆形这位特殊的居民了。

11.2 圆周率

　　我们知道，圆周长与直径之比为圆周率 π，它是一个定值。19 世纪以前，历史上一些著名的计算圆周率的竞赛上，人们就是通过内接和外切正多边形来逼近圆周率的下限和上限，是一个典型的"化曲为直"的过程。

　　圆周率是数学里最著名的常数之一，约等于 3.1415926。在日常生活中，通常都用 3.14 代表圆周率去进行近似计算。数学爱好者们也将 3 月 14 日称为 π 节。

　　人类很早就对圆周率进行了记载。古巴比伦的一块石匾（约产于公元前 1900 年至公元前 1600 年）清楚地记载了圆周率=25/8=3.125。同一时期的古埃及数学典籍《莱因德数学纸草书》也表明圆周率等于分数 16/9 的平方，约等于 3.1605。埃及人可能在更早时候就知道圆周率了。建于公元前 2500 年左右的胡夫金字塔的周长和高度之比恰好等于圆周率的 2 倍，为圆的周长与半径之比。中国古代算书《周髀算经》中有"径一而周三"的记载，意即 π=3。

　　古希腊数学家阿基米德开创了人类历史上通过理论计算圆周率近似值的先河，他采用的方法就是"割圆术"，即利用圆的内接和外切正多边形的周长来逼近圆的周长。如果想得到圆周率的下限，那么可以从圆的内接正多边形开始。最简单地，在圆的内部构造一个内接正六边形（见下图），圆的周长大于 $6A_1A_2$，而由于 $\triangle OA_1A_2$ 为正三角形，所以圆周长 $2\pi r > 6r$，故 $\pi > 3$。

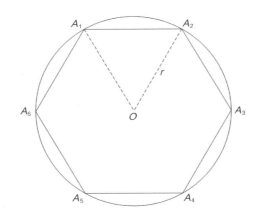

反之，如果在圆的外部构造一个外切正六边形（见下图），则有

$2\pi r < 6B_1B_2$，由于 $\triangle OB_1B_2$ 为正三角形，$B_1B_2 = \dfrac{2}{\sqrt{3}}r$。

因此 $\pi < 2\sqrt{3}$，即 $2\sqrt{3} \approx 3.46$ 为 π 的一个上限。

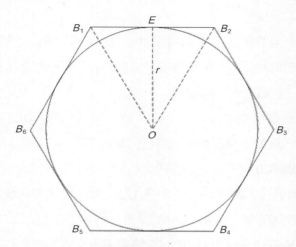

刘徽就是遵循这一思想，一直分割到了内接正一千五百三十六边形，得到了3.1416的结果。我国南北朝时期的数学家祖冲之将"圆周率"精确计算到小数点后第七位，即真实的圆周率在3.1415926和3.1415927之间，这一结果领先了欧洲近千年。

有了圆周率，再辅以割圆术，就可以得出计算圆的面积公式为 πr^2。

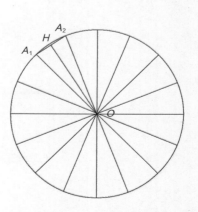

如右图所示，我们可以把圆分割成一个个小的扇形，如图中的 OA_1A_2。当分的扇形个数足够多时，那么每个扇形的面积就近似于三角形 OA_1A_2 的面积。由于三角形 OA_1A_2 的面积是 $\dfrac{1}{2} \times A_1A_2 \times OH$，当扇形接近于三角形时，底边 A_1A_2 的长度接近于 A_1A_2 的弧长，高 OH 的长度近似于半径 r。整个圆的面积就等于 $\dfrac{1}{2} \times$ 圆周长 $\times$ 半径 $= \pi r^2$。可别小看这条求圆面积的思路，它

体现了朴素的微积分思想！

11.3 画圆的算法

那么在 Scratch 中用这种化曲为直的方法来画圆呢？

一种想法是，我们将角色从圆心移动到圆周上（比如100步），然后移动一小段距离，再旋转一个小角度（比如2°），如右图代码所示。

但这段代码的问题是，重复执行积木里的"移动……步"的计算超出了小学知识范围。具体地，由于步长 $\Delta d=r\theta$，这里 r 为圆的半径，$\theta=\dfrac{2}{360}\times2\pi=\dfrac{\pi}{90}$。比如为了使得 $r=90$，那步长 $\Delta d=\pi$。

除了上述算法，还有另外一种算法，此种算法利用了圆最基本的性质——圆上任何一个点到圆心的距离相等。算法的基本思想如下：我们使用两个角色A和B，角色A在后面，角色B在前面，每次让角色A移到角色B所在位置，即角色A从正多边形的一个顶点移动到另一个顶点，在两个顶点之间画一条短线段（即正多边形的一条边），然后再让角色B移到正多边形的下一个顶点。

为此，我们可以让角色B的移动轨迹始终与圆周保持垂直方向。每次角色B先回圆心，旋转一个小角度（如2°），再移动半径的长度回到圆上，如下图所示。

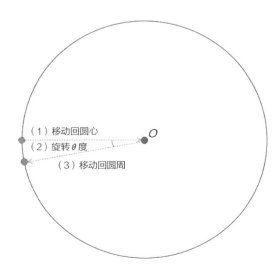

等角色B移动到下一个顶点时，就发送"已经移动到下一个顶点"的消息，然后等待

给孩子的计算思维书：图形化编程及数学素养课（基础篇）

11.4 "广播消息"与"广播消息并等待"的区别

之前我们讲到广播消息的时候，发现有两种广
播消息积木："广播消息"和"广播消息并等待"。

那这两者有什么区别呢？两者的区别在于，"广播消息"发送完消息后直接开始执行后续代
码，而"广播消息并等待"会等所有接收消息的角色接收并处理完消息之后再执行后续代码。

我们通过一个小实验来验证这两者的区别。假设有一只小猫发出报数命令，命令另外
3只克隆小猫报数。我们首先利用"广播消息"写出下面的代码。

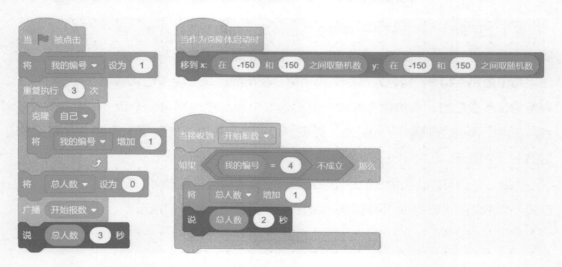

执行上述代码，我们发现发号小猫最后说出的总人数依
旧是0。而如果改用"广播消息并等待"，那么小猫最后说出
的总人数就是3。

由此可见，"广播消息并等待"会等待其他小猫都处
理完"开始报数"的消息后，再执行后续的代码（如右图
所示）。

130

11.5 前赴后继画圆法

我们首先将角色A移到圆心处，然后使其面向-90°移到圆周上。我们调用自定义的"画圆"积木来画一个圆，每移动一步，我们把移动的距离（即多边形的边长）加到周长里，从而得出圆的近似周长。在下面的程序中，变量"圆心x坐标"和"圆心y坐标"分别用于存储圆心位置的x和y坐标值，变量"半径"存储圆的半径值，变量"周长"存储圆的近似周长的值，最后周长/（2×半径）输出圆周率的近似值。

```
当 🏳 被点击

🖊 全部擦除

面向 -90 方向

将 半径 ▾ 设为 80

将 圆心x坐标 ▾ 设为 100

将 圆心y坐标 ▾ 设为 30

将 周长 ▾ 设为 0

移到 x: 圆心x坐标  y: 圆心y坐标

移动 半径 步

画圆

说 周长 / 2 * 半径 2 秒
```

具体地，"画圆"积木首先广播"开始"消息，通知角色B可以开始了。然后重复执行180次"广播移到下一个位置并等待"。

一旦角色B已经到达下一个位置，就会广播"已到下一位置"的消息。角色A接收到消息后，就会移动到角色B所在位置，画出这条边长，并更新圆周长。

```
定义 画圆

广播 开始 ▾ 并等待

重复执行 180 次
  广播 移到下一个位置 ▾ 并等待
```

角色 B 接收到"开始"消息时，移动到角色 A 所在位置，面向 −90°，并隐藏自己。角色 B 一旦接收到角色 A 发送的"移到下一个位置"消息，首先移动到圆心，然后左转 2°，再移动到圆周上，之后广播"已到下一位置"消息。

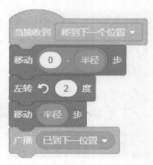

最后，执行程序，小猫就能正确地画出指定的圆了。

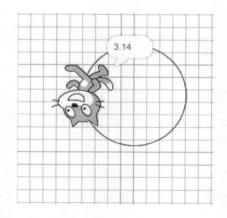

当然，目前这个圆的圆心和半径是固定的。有兴趣的同学可以思考一下，怎样才能把圆心坐标和半径作为"画圆"这个自制积木的参数，这样，我们就可以在不同位置画出不同半径的圆了。

11.6 圆周率的近似

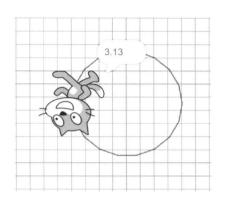

如果把每次旋转的角度调整为20°，重复执行的次数改为18次，就会画出正十八边形，此时，执行结果如右图所示，圆周率的近似值是3.13。

下表列出了通过不同边数的正多边形计算出的圆周率近似值。可以发现，当边数为30时，计算出的圆周率已经是3.14了。

边数	圆周率近似值
6	3
8	3.06
9	3.08
10	3.09
12	3.11
15	3.12
18	3.13
20	3.13
24	3.13
30	3.14

数学小知识：*自然数的因数个数*

我们在上面这张表中，所选用的正多边形的边数，都是360的因数，这是为了确保转动的角度为整数。那么，360一共有多少个不同的因数呢？

第一种方法是枚举出360的所有因数，包括1、2、3、4、5、6、8、9、10、12、15、18、20、24、30、36、40、45、60、72、90、120、180、360，共计24个。

除了枚举，我们还可以利用分解质因数的方法。将360分解质因数得360= $2^3 \times 3^2 \times 5$。接下来可以分三步求出360的因数个数。

（1）选2的因子个数，可以选0个、1个、2个或3个。

（2）选3的因子个数，可以选0个、1个或2个。

（3）选5的因子个数，可以选0个或1个。

根据乘法原理，360的因数个数总共为：$(3+1) \times (2+1) \times (1+1) = 24$（个）。

思考题

（1）为什么一个周角要设定为360°呢？

（2）什么样的自然数的因数个数为奇数？